幸福蔬食

杨桃美食编辑部 主编

江苏凤凰科学技术出版社 凤凰含章

导读 Introduction

天天品尝蔬菜
最新鲜的好滋味

现代人生活的越来越忙碌，平日的饮食习惯也随之有了很大的改变，
用餐除了讲求快速外，外食族的比例也随之提高了不少。
外食虽然方便，但却常常使身体摄入的营养不够均衡，更无法切实做到每天补充适量蔬果的要求，
也许你觉得蔬菜的味道太清淡，烹调方式缺少变化，
吃起来容易让人感到厌倦。就让我们来为你解决这一问题吧，
翻开这本蔬菜圣经，你会发现蔬菜烹调方法从此不再千篇一律，
蔬菜菜肴原来也可以让人胃口大开。

备注:
全书1大匙（固体）≈15克
1小匙（固体）≈5克
1茶匙（固体）≈5克
1杯（固体）≈227克
1茶匙（液体）≈5毫升
1大匙（液体）≈15毫升
1小匙（液体）≈5毫升
1杯（液体）≈240毫升

目录CONTENTS

四季蔬菜选购及保存 ······08
蔬菜清洗妙招大公开 ······10

煎炒蔬菜篇 *Vegetables* P12

常见蔬菜的好吃妙招 ...14
炒蔬菜好吃Q&A 15
01 干煸四季豆 16
02 四季豆炒蛋 17
03 虾酱炒四季豆.........17
04 美奶炒四季豆.........18
05 荷兰豆炒鱿鱼.........19
06 毛豆炒萝卜干.........19
07 毛豆炒豆皮 19
08 甜豆炒豆豉 20
09 甜豆炒XO酱 20
10 豇豆炒西红柿 21
11 腐乳炒扁豆 21
12 雪里蕻炒皇帝豆......22
13 韩式炒白菜............22
14 开洋白菜...............23
15 腐乳圆白菜 24
16 醋熘圆白菜 24
17 宫保圆白菜 25
18 回锅肉炒圆白菜......26
19 红曲圆白菜 26
20 圆白菜烧肉 26
21 培根圆白菜............27
22 樱花虾炒圆白菜 28
23 香煎圆白菜卷.........28
24 炒圆白菜...............29
25 泰式炒茄子 29
26 鱼香茄子...............30
27 豆豉茄子...............31
28 西红柿炒茄子.........31
29 烩茄盒 32
30 蒜炒西蓝花 32
31 草菇烩双花............33
32 双色菜花炒鲜菇 34
33 黄花菜炒菜花.........34
34 咸蛋炒西蓝花.........35
35 箭笋炒蚕豆 35
36 辣炒箭笋...............36
37 辣豆瓣桂竹笋.........37
38 清炒三丝 37
39 脆笋炒梅花肉片 37
40 桂竹笋炒肉丝.........38
41 笋香炒蛋...............38
42 皮蛋炒苦瓜 39
43 苦瓜炒豆豉 39
44 银鱼炒苦瓜 40
45 豆豉苦瓜...............41
46 菠萝炒苦瓜 41
47 福菜肉丝炒苦瓜 41
48 苍蝇头 42
49 雪里蕻毛豆百叶 42
50 雪里蕻炒肉末.........43
51 芦笋炒白果 43
52 XO酱炒芦笋 44
53 腐衣煎芦笋 44
54 培根煎芦笋 45
55 丝瓜炒蛤蜊 45
56 干贝丝瓜...............46
57 南瓜鱼饼...............46
58 香爆南瓜 47
59 瓢瓜丝炒虾皮......... 48
60 清炒瓢瓜............... 48
61 虾仁冬瓜...............49
62 芝麻地瓜烧梅肉 49
63 芹段炒藕丝 50
64 醋炒莲藕片 50
65 清炒莲藕...............50
66 虾酱空心菜 51
67 清炒空心菜 52
68 客家酸菜炒肉末 52
69 蒜仁炒菠菜 53
70 菠菜炒金针菇.........53
71 西红柿炒菠菜.........54
72 西红柿烧豆腐.........55
73 菠菜炒猪肝 55
74 蒜香地瓜叶 56
75 虾米炒地瓜叶.........56
76 鸡丝炒油麦菜.........57
77 芥蓝扒鲜菇 57
78 芥蓝菜炒腊肠.........58
79 小鱼苋菜...............59
80 苋菜炒蛋 59
81 干贝芥菜...............60
82 香菇炒上海青.........60
83 油豆腐炒上海青 61
84 鸡丝炒上海青.........62
85 胡萝卜丝炒上海青..62
86 咸蛋炒上海青.........63
87 香油上海青炒鸡片..64
88 豆苗虾仁 64
89 菠萝炒木须肉.........65
90 枸杞炒小白菜.........65
91 炒茭白 66
92 茭白炒蟹味菇.........66
93 辣炒脆黄瓜 67
94 小黄瓜炒鸡心.........67
95 枸杞炒黄花菜.........67
96 黄花菜炒肉丝 68
97 炒魔芋牛蒡丝 68

98 清香牛蒡丝............69
99 素炒牛蒡...............70
100 青椒炒肉丝..........70
101 糖醋双椒..............71
102 彩椒炒百合..........72
103 酱烧青椒..............73
104 甜豆炒彩椒..........73
105 胡萝卜烘蛋..........73
106 胡萝卜炒榨菜.......74
107 虾皮炒萝卜..........75
108 双色大根排..........75
109 青椒炒干丝..........76
110 辣炒脆土豆...........76
111 泡菜炒肉片...........77
112 味噌土豆..............77
113 热炒生菜..............78
114 鲍鱼菇蚝油炒圆生菜78
115 清炒双鲜..............79
116 法式炒蘑菇...........79
117 海苔香煎鲍菇.......80
118 素菇蔬菜烩陈醋酱 80
119 山药炒秋葵...........81
120 糖醋山药..............81
121 菠萝炒木耳...........82
122 绿咖喱炒什锦蔬菜 82
123 蚝油蒜香西芹.......83
124 菱角烩香菇..........83
125 香芹炒银鱼......... 84
126 肉末白果炒韭菜 ...85
127 黑胡椒炒绿豆芽 .. 86
128 韭菜炒绿豆芽...... 86
129 韭黄牛肉丝..........87
130 绿豆芽炒嫩肝...... 88
131 双葱炒西红柿...... 88
132 牛肉洋葱烧......... 89
133 娃娃菜炒魔芋.......90
134 玉米滑蛋.............90
135 玉米笋炒百菇.......91
136 玉米烩娃娃菜.......91
137 香炒素鸡米..........92
138 玉米笋炒千页豆腐93
139 沙嗲酱炒碧玉笋 ...93

炖卤蔬菜篇 *Vegetables* P94

炖卤蔬菜必知二三事 ...96
炖卤蔬菜的美味秘诀 ...97
140 蛋酥卤白菜......... 98
141 白菜卤.................99
142 扁鱼卤大白菜.......99
143 卤白菜卷............100
144 椰浆卤茭白........ 101
145 红曲鸡炖圆白菜 . 101
146 豆皮卤圆白菜..... 101
147 圆白菜福包........102
148 五花肉卤圆白菜干103
149 梅干菜炖苦瓜.....103
150 酿苦瓜...............104
151 三杯苦瓜............104
152 红烧笋块............105
153 桂竹覆菜卤肉.....105
154 覆菜卤笋丝........106
155 笋块炖肉片........107
156 笋香咖喱............107
157 三杯笋块............107
158 乳汁焖笋............108
159 酱卤笋干............108
160 清煮鲜笋............109
161 萝卜炖肉............109
162 芋头烧鸡............ 110
163 烩红白萝卜 111
164 茄汁红白萝卜球 ..111
165 胡萝卜烧肉卷..... 112
166 干贝烩冬瓜........ 113
167 五花肉卤红白萝卜113
168 日式风味烧萝卜 . 114
169 海带卤萝卜 114
170 土豆炖肉............ 115
171 五香卤土豆......... 116
172 三杯土豆............ 117
173 咖喱土豆............ 117
174 茄肉蔬菜咖喱..... 118
175 茄香三杯............ 118
176 三杯西蓝花........ 119
177 三杯玉米............120
178 三杯茭白 120
179 三杯四季豆 121
180 酱卤娃娃菜 121
181 茄酱煨娃娃菜.....122
182 日式蔬菜煮........123
183 日式炖煮............124
184 炖什锦蔬菜........124
185 茄汁烩什锦蔬菜 .125
186 普罗旺斯炖蔬菜 .127
187 法式炖蔬菜........128
188 红酒炖洋葱........128
189 咸冬瓜卤白萝卜 .129
190 豆酱卤冬瓜........130
191 鸡油芥菜卤.........130
192 虾米菜心............ 131
193 虾皮大黄瓜 131
194 肉丝卤黄豆芽.....132
195 辣酱卤大头菜 132
196 酱汁炖南瓜........133
197 菱角炆梅肉........133
198 红烧猴头菇 134
199 素菜卤...............135

炸烤蔬菜篇 *Vegetables* P136

天麸罗的
疑难杂症Q&A..........138
焗烤蔬菜成功4招 140
200 天麸罗盖饭........ 141
201 炸菜天麸罗 142
202 酥炸蔬菜 143

203 酥炸牛蒡 144
204 牛蒡酥炸条 144
205 薄衣青芦笋 145
206 炸香菇 146
207 莲藕天麸罗 146
208 炸蔬菜饼 147
209 洋葱圈 148
210 酥炸杏鲍菇 148
211 椒盐杏鲍菇 149
212 炸笋饼 149
213 炸茄饼 150
214 脆皮丝瓜 151
215 脆皮地瓜 151
216 焦糖拔丝地瓜 152
217 炸薯条 153
218 薯饼 153
219 炸芋球 154
220 油炸绿西红柿 154
221 炸奶酪西红柿饺..155
222 酥炸嫩芹花 156
223 啤酒咖喱
酥炸西蓝花 156
224 奶汁炸玉米球.....157
225 蜂巢玉米 157
226 香酥菱角 158
227 蜜汁菱角 159
228 奶油焗白菜 159
229 千层时蔬 161
230 奶油焗烤南瓜.....162
231 焗烤南瓜 163
232 味噌酱焗圆白菜 .163
233 焗烤西红柿盅.....164
234 焗烤什锦鲜蔬.....165
235 焗烤
香菇西红柿片 165
236 茄汁肉酱
焗烤杏鲍菇 166
237 奶油土豆 167
238 培根焗烤土豆 168
239 焗烤双色甜薯.....168
240 意式焗烤
西红柿茄子 169
241 葡汁焗时蔬 171
242 蒜香烤圆茄 172
243 奶油烤丝瓜 172
244 洋葱蘑菇焗烤丝瓜173
245 焗烤西蓝花 173
246 奶油焗烤绿竹笋 .174
247 焗烤洋葱圈 175
248 法式芥末籽酱
焗玉米笋 175
249 培根玉米烧 176
250 茄汁肉酱焗西芹 .177
251 日式焗烤芦笋.....177
252 焗烤甜椒 178
253 洋葱蘑菇焗茭白 .179
254 照烧焗彩椒 179

拌烫蔬菜篇 *Vegetables* P180

拌烫蔬菜的美味秘诀 .182
凯萨沙拉...................183
256 田园沙拉 184
257 紫苏南瓜沙拉.....184
258 澄清乡村暖沙拉 .184
259 须苣沙拉 185
260 乳酪沙拉 186
261 法式烤玉米沙拉 .186
262 油醋西红柿 187
263 酸豆培根菠菜沙拉188
264 法式乡村面包沙拉189
265 百汇拌时蔬 190
266 德式土豆沙拉 191
267 土豆沙拉 191
268 香茄热沙拉 192
269 西红柿沙拉 192
270 凉拌四季豆 196
271 鲜菇拌青菜 196
272 蚝油拌菌菇 197
273 葱油香菇 197
274 凉拌什锦菇 197
275 凉拌蟹肉菠菜.....198
276 小米菠菜 199
277 香油双耳 199
278 凉拌木耳 200
279 银芽拌鸡丝 200
280 凉拌绿竹笋 201
281 鲜笋嫩姜丝 201
282 可口笋片 202
283 凉拌柴鱼韭菜 ... 202
284 凉拌莲藕 203
285 凉拌春菜 203
286 蚝油茄段 204
287 凉拌
西红柿佛手瓜..... 204
288 香菜拌花生 205
289 莎莎酱拌秋葵 ... 205
290 味噌萝卜 205
291 虾米莴笋 206
292 凉拌白菜心 206
293 凉拌辣味黄瓜丝 207
294 白酱时蔬 207
295 凉拌七味洋葱.... 208
296 洋葱拌金枪鱼 ... 208
297 爽口土豆丝 209
298 三丝土豆 210
299 蚝油芥蓝 210
300 香葱肉臊地瓜叶 . 211
301 水煮茄子 211
302 腐乳淋油麦菜.....212
303 味噌生菜 212
304 绞滑生菜 213
305 油葱生菜 214
306 白灼韭菜 214
307 水煮甘甜苦瓜.....215
308 素肉臊拌小白菜 .215
309 胡麻四季豆 216
310 和风芦笋 216
311 豆瓣娃娃菜 217
312 酱汁西蓝花 217
313 苦瓜拌白酱 218
314 冰镇虾酱冬瓜.....218
315 香葱丝瓜 219
316 芝麻酱茭白 220
317 沙茶酱茼蒿 220
318 奶油生菜 221
319 肉酱烫生菜 222
320 肉末上海青 223
321 辣酱拌豆苗 223

蒸煮蔬菜篇 *Vegetables* P226

蔬菜刀工切法有学问 228
蒸煮蔬菜的美味秘诀 230
322 佛手白菜 231
323 白菜卷 231
324 XO酱白菜 232
325 葱油茭白 232
326 蒸茄瓜 233
327 奶油蒸茭白 234
328 豆酱蒸桂竹笋 ... 234
329 红曲酱煮白萝卜 234
330 蒜蓉圆白菜 235
331 豆酱美白菇 236
332 酱爆杏鲍菇 236
333 姜丝枸杞金瓜 .. 237
334 奶油蒸南瓜 237
335 椰香煮南瓜 238
336 蒜香蒸冬瓜 238
337 火腿冬瓜块 238
338 开洋蒸瓠瓜 239
339 咖喱蒸土豆 239
340 椰汁土豆 240
341 蒸酿大黄瓜 240
342 黑椒蒸洋葱 241
343 蒸素什锦 241
344 蜜汁蒸莲藕 242
345 意式西红柿汤 ... 243
346 菜花浓汤 243
347 蒜香花菜汤 244
348 咖喱蔬菜汤 245
349 南瓜浓汤 245
350 爽口圆白菜汤.... 246
351 菌菇汤 246
352 高山野菜锅 247
353 魔芋白菜锅 248
354 百菇什锦锅 248
355 养生山药锅 249
356 南瓜蔬菜锅 250
357 寿喜烧 251
358 有机蔬菜锅 252
359 芦笋鲜菇豆浆锅 252
360 鱼片野菜海带锅 253
361 甘露杏鲍菇锅 254
362 美白西红柿锅 254
363 洋葱西红柿锅 255

山菜野菜篇 *Vegetables* P256

认识山野间的
绝佳美味 258
364 山苏炒丁香 261
365 黄芥末拌山苦瓜 . 261
366 淇淋山苦瓜 262
367 酿山苦瓜 262
368 咸蛋炒山苦瓜 .. 263
369 柴鱼片炒山苦瓜 263
370 咸菠萝山苦瓜汤 263
371 龙须菜炒苍蝇头 264
372 香菇炒龙须菜.... 264
373 破布子龙须菜.... 265
374 姜丝清炒红凤菜 265
375 红凤菜丁香汤 ... 265
376 清炒木耳菜 266
377 木耳菜熘鱼片.... 266
378 水莲菜炒肉丝 ... 267
379 香菇炒水莲菜 ... 267
380 滑蛋蕨菜 268
381 姜丝蕨菜 268
382 味噌炒蕨菜 268
383 姜片炒人参菜 ... 269
384 豆酱炒芋梗 269
385 紫苏腰果 270
386 凉拌山韭菜 270
387 山茼蒿炒香油鸡片 270
388 青木瓜炒鸡柳 271
389 香椿鸡块 271
390 香椿烘蛋 272
391 山芹油扬黄豆芽 272
392 青黄花菜炒全家福 273
393 金针笋豆腐鱼片汤 273

附录 阳台种菜自己来 *Vegetables* P274

地瓜叶 274
苋菜 275
空心菜 277
日本茼蒿 278
西蓝花 279
上海青 280
菠菜 281
日本芥菜 282
生菜 283
红凤菜 285
萝美莴苣 286
芹菜 287
樱桃萝卜 288
红葱头 289
小香葱 290
九层塔 291
香菜 292
苜蓿芽 293
薄荷 294
葱白 295
青蒜苗 295

四季蔬菜选购及保存

要做美味的蔬菜菜肴，首要的就是选择新鲜的蔬菜。可别小看选择蔬菜这件事，记住了诀窍，它可以让蔬菜菜肴马上美味加分。本书我们将蔬菜分成常见的四大类，不但教你怎么选，还会告诉你蔬菜的保鲜与处理方式，让你不但可以买到好菜，也不必担心如何保存。

·根茎类·

1

选购诀窍

根茎类的蔬菜比较耐放，因此市售的根茎类蔬菜外观通常不会太糟，选购时多注意其表面有无明显伤痕。还要记得轻弹几下菜身，查看是否空心，因为根茎类的蔬菜通常是从内部开始腐败，新鲜的根茎类蔬菜中心较密实。此外，如果土豆等已经发芽则千万别选购。

保鲜诀窍

萝卜、洋葱、地瓜、芋头、牛蒡、山药、莲藕等根茎类蔬菜只要保持干燥，并放置于通风处，通常可以存放很久，放进冰箱反而容易腐坏。尤其是土豆，冷藏后会加快发芽。

处理诀窍

根茎类蔬菜都有一层外皮，有些蔬菜种类的外皮非常难处理，例如牛蒡、莲藕等因为皮较薄，建议可以用刀背或汤匙轻轻刮除外皮。而富含淀粉的根茎类蔬菜在去皮后容易氧化，要立刻放入盐水或清水中浸泡，并滴入几滴白醋以减少氧化。

·叶菜类·

2

选购诀窍

选购叶菜类蔬菜时，要注意其叶片与茎。叶片要翠绿或有光泽，并且没有枯黄现象，茎的纤维不可太粗，可以先折折看，如果折不断则表示纤维太粗，不宜购买。

保鲜诀窍

叶菜类蔬菜就算放在冰箱冷藏也没办法长期储存，因为叶片容易枯黄或变烂。要让叶菜类蔬菜保持新鲜，秘诀就在于保持叶片水分不散失及避免腐烂。在放入冰箱前，可用报纸将其包起来，根茎朝下、直立放入冰箱冷藏，即可延长叶菜类的保存期限。切记千万别先将根部切除、事先水洗或密封在塑料袋中，以免加速腐烂。

处理诀窍

叶菜类最怕虫害，因此农药使用量较其他蔬菜多，烹炒前记得以流动的清水浸泡一会儿，再冲洗干净。

·豆类·

选购诀窍

挑选豆类蔬菜时，若是含豆荚的豆类，如四季豆、菜豆等，要选豆荚颜色翠绿或未枯黄，且有脆度的最好；而单买豆仁类的豆类蔬菜时，则要选择形状完整、大小均匀且没有暗沉光泽者即可。

保鲜诀窍

豆荚类蔬菜因为容易干枯，所以要尽可能密封好放入冰箱冷藏，而豆仁则放置于通风阴凉的地方保持干燥即可，亦可放入冰箱冷藏，但同样需保持干燥。

处理诀窍

大部分豆类蔬菜生食会有毒素，因此记得食用前需彻底煮至熟透，在烹煮过程中不能未完全熟透就起锅，起锅后如果仍有生豆的青涩味道，就千万别吃。大部分连同豆荚一起食用的豆类，记得先摘去蒂头及两侧筋丝，这样吃起来口感更好。

·瓜果类·

选购诀窍

绿色的瓜果类蔬菜，挑选时尽量选瓜皮颜色深绿，轻压果体没有软化且拿起来有重量感的才新鲜；市面上的冬瓜通常是切开来卖，因此尽量挑选外绿内白，表皮呈现亮丽的绿色带白霜且没有损伤的冬瓜较好；而苦瓜则应挑选表面果瘤的颗粒较大且饱满的，这表示瓜肉较厚，外形要呈现漂亮的亮白色或翠绿色，若出现黄化，就表示果肉已经过熟，不够清脆了。

保鲜诀窍

要保持瓜果类蔬菜的新鲜，买回家后可以先切去蒂头以延缓老化，再用白纸包裹住避免水分流失，再放入冰箱冷藏；而已经切片的冬瓜，则必须用保鲜膜包好再放入冰箱，就可以保鲜。

处理诀窍

有粗外皮的瓜果如丝瓜、黄瓜、冬瓜等，记得先去皮；而苦瓜则不用削去外皮，但都需要剖开果身去除籽和内部纤维之后再烹炒，口感会更好。

蔬菜清洗妙招大公开

想要吃到清脆、无公害的蔬果，从叶菜类到瓜果类都要经过以下四道程序，才能确保吃得健康。除了这四大妙招，不同食材在处理上也有些许不同，而且根茎类要与叶菜类分开浸泡、保存，才不会交叉污染和压坏蔬菜。现在，就跟着达人的示范做做看吧！

叶菜类

步骤1

将菜叶稍微掀开，用清水冲掉泥土和脏污。

步骤2

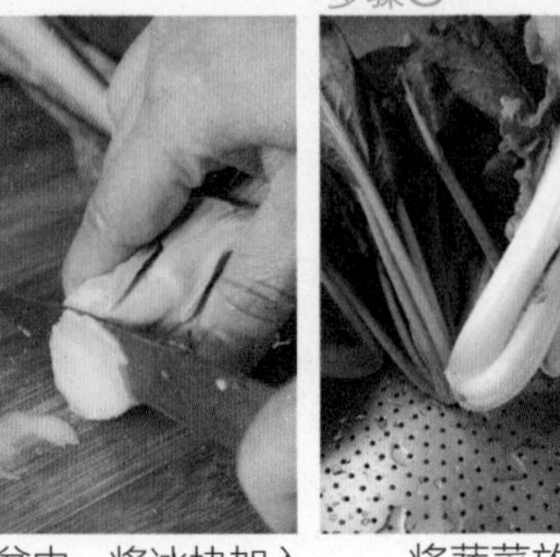

放入宽口的不锈钢盆中，将冰块加入过滤水中，采直立式浸泡20分钟后，切除蔬菜部分根部，再换水浸泡20分钟。

步骤3

将蔬菜放在滤板或过滤器皿里沥干。

步骤4

将蔬菜放在不锈钢容器或保鲜盒中保存。

根茎类

步骤1

先用软毛刷刷去根茎类蔬菜表皮的泥土与脏污，再以清水冲洗。

步骤2

放入宽口的不锈钢盆中，在过滤水中加入冰块，采直立式浸泡20分钟，切除蔬菜部分根部或蒂，再换水浸泡20分钟。

步骤3

将蔬菜放在滤板或过滤器皿里沥干。

步骤4

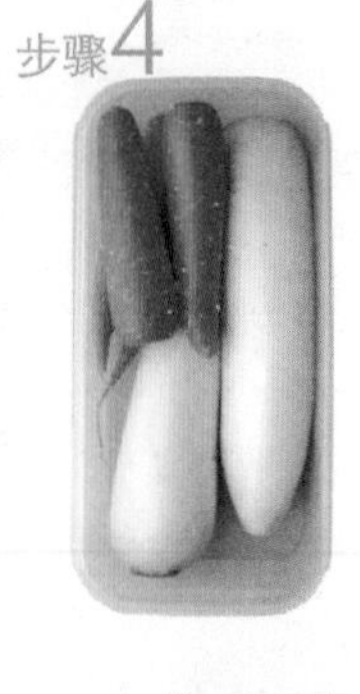

将蔬菜放在不锈钢容器或保鲜盒中保存。

洗菜时加盐真的能去农药吗?

一般人习惯用盐水清洗蔬果从去除农药。其实不是每种蔬果都适合加盐，且盐水去除农药效果有限，尤其是叶菜类，反而会导致蔬菜出水、易烂。圆球类，如西蓝花的菜叶较密，难洗净，则可撒上适量盐去除农药，还会让菜虫跑出来！

洗蔬菜要注意

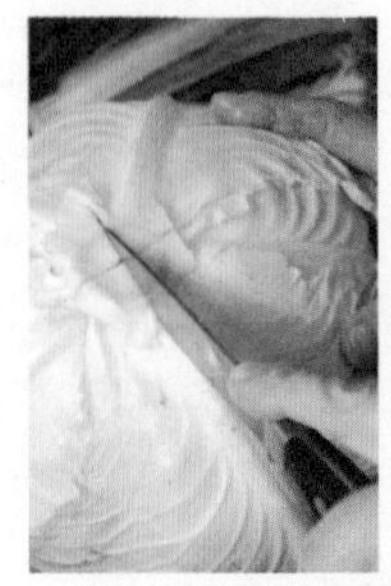

注意1

处理圆球类蔬菜（如包心菜），要在第2次换水时，用十字花刻稍微切开根部再浸泡，才能去除农药并吸进水分，保持鲜度。

注意2

蔬果要朝下放置，才能沥干水分，增加鲜度。

注意3

选用宽口容器浸泡蔬菜，才有空间让菜叶充分舒展，达到清洗去毒功效，也不易压到蔬菜。

注意4

生食类蔬菜（如生菜）要独立浸泡，不和其他蔬菜一起浸泡。

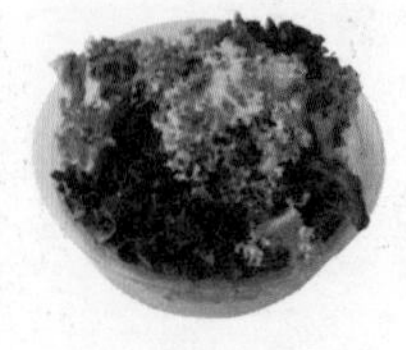

注意5

浸泡蔬果时，要以过滤水浸泡2次。第1次去除表面脏污，切除部分蒂头与根部后换水第2次浸泡，细菌和农药才不会跑进蔬菜里，蔬果也能重新吸饱水分，增加鲜度。

瓜果类

步骤1

先将草莓、葡萄和西红柿等同类型水果用清水轻轻冲洗。

步骤2

在过滤水中加入冰块泡20分钟，稍微修剪蒂头与叶子，再换水浸泡20分钟。

步骤3

将瓜果类沥干水分后，放置在不同的容器中保存，避免多次碰撞。

洗蔬菜要注意

注意1

较硬的水果（如番石榴、苹果）要和较软的水果（如草莓、葡萄）宜分开清洗、存放，避免相互碰撞。

注意2

修剪蔬果时，不能完全去除蒂头与根部，这样细菌、脏水和农药才不会跑进蔬果里。

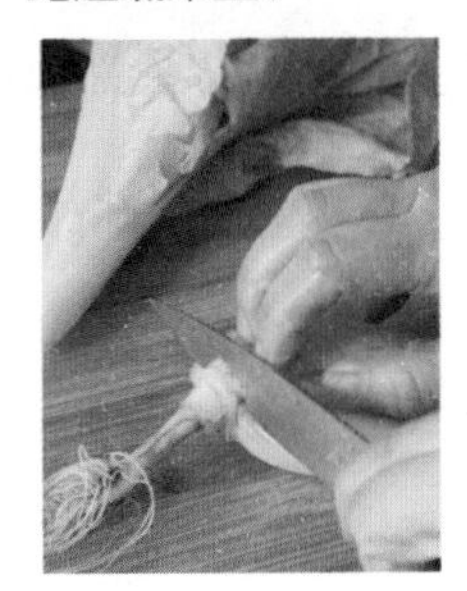

注意3

很多人以为有机蔬果没有农药，清洗不用太讲究。事实上，为了确保健康，有机蔬果也要正确清洗与保存。放在袋子里反而容易闷烂!

注意4

清洗番石榴等表面凹凸的水果时，要先用尼龙刷刷去表面脏污和农药，再用清水冲洗。

如何选择清洗、保存的容器?

不同种类的蔬果要用不同的容器清洗保存，记住以下几个小秘诀，就能让蔬果保持鲜度!

1. 不锈钢的容器吸冰力较强，有助于蔬果保鲜。
2. 叶菜类宜用盆口较宽的容器，避免挤压菜叶；根茎类适用较高、较宽的容器，才能清洗完全；瓜果类要用空间够大的容器装盛，避免碰撞。
3. 选择有过滤器皿或滤板的容器，有助于沥干蔬果水分。

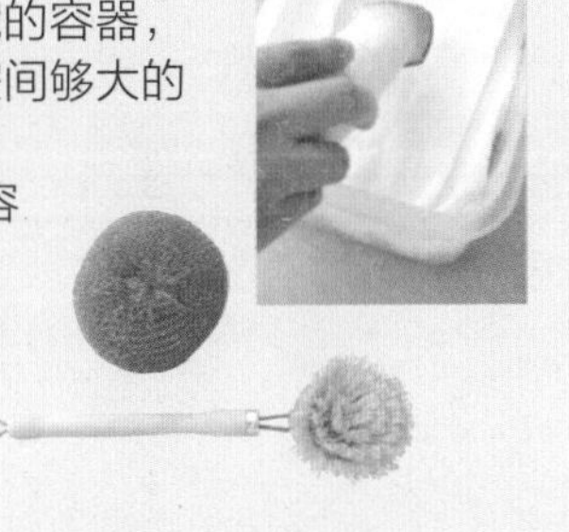

煎炒蔬菜篇

煎炒蔬菜料理

大火快炒的家常美味

吃多了油腻的大鱼大肉，来盘青菜吧！
快炒或干煎可以说是最常见的青菜烹炒方式，
不仅省时方便，
还能保持青菜的最佳口感。

而除了加入姜、蒜清炒外，
还有许多的变化炒法，
本篇中将一一收录。

常见蔬菜的好吃妙招

待炒再剥除老叶，以保持新鲜

圆白菜又称甘蓝菜，分绿色和紫色两种，口感清脆甘甜、热量低，吃法简单又变化多。圆白菜买回来后，不要急着把最外层的老叶摘除，因为摘除后容易让里面的菜叶失去水分而变得不清脆，等到要吃的时候再将最外层的老叶片摘除，切下需要的分量，余下的部分保持干燥，并用保鲜膜包覆放入冰箱冷藏即可。

摘除头尾和两侧粗丝，口感更鲜嫩

豆类的豆荚两侧都会有粗筋丝，可以将头尾摘除顺便将粗丝撕下，这样炒出来的豆荚吃起来就不会有咬不断的粗丝了。此外如果不喜欢豆涩味，可以事先将豆荚用加了少许油的沸水稍微汆烫一下再烹炒。

加油汆烫去除苦涩

菠菜吃起来容易有涩涩的口感，可以先将其用加了油的沸水汆烫，或是在烹煮过程中加入少许糖，甚至是加入滑润的食材一起烹炒，都可以减少菠菜的涩口感。

削除老梗粗皮口感更好

市面上常见的花菜有西蓝花的菜花两种，西蓝花口感较清脆，适合热炒、凉拌、焗烤，也可长时间炖煮；而菜花口感细致绵密，常用来热炒和煮汤。花菜梗的底部纤维很粗，口感较差，烹炒前可先削除这些粗皮，再将一大朵的花菜分成数小朵。因为花菜耐煮，如果喜欢较软的口感，快炒前可先将其汆烫过。

菜叶菜梗分开炒，品味更鲜嫩

空心菜是含水量很高的叶菜，不过采摘后水分容易散失，所以购买时要保留根部，等到烹炒时再切除根部。像空心菜这类梗多的蔬菜，如果全部下锅一起炒，叶子的部分口感容易变老，颜色也会变黑，建议可先放入梗炒熟后，再将菜叶下锅炒至微软即可。

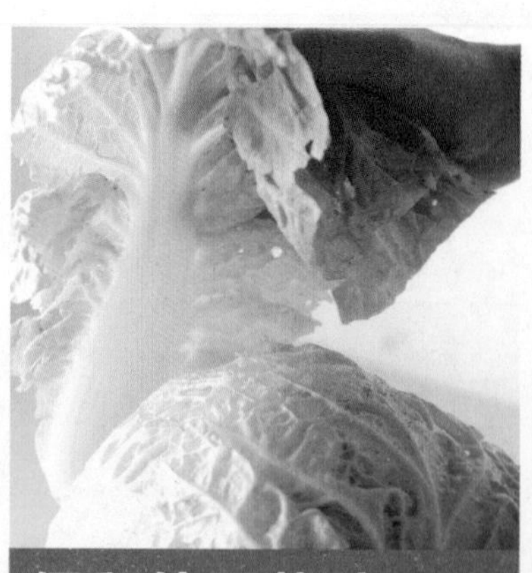

保留外层菜叶防止水分散失

很多人经常食用的卷心白菜，因为叶片多较适合快炒，而梗多的白菜品种则适合长时间的炖煮。处理白菜的方式与圆白菜差不多，先保留最外层的老叶，可防止水分的散失，没用完的白菜就用保鲜膜包好冷藏即可。

炒蔬菜好吃Q&A

Q1 怎么炒青菜才可以像饭馆里炒的一样清脆不软烂?

A: 在家炒菜与在饭馆炒菜的差别就在于炉子，饭馆里使用的是快速炉，火力强大，青菜丢入锅中拌炒几下就熟，因为时间短所以青菜能保持清脆不软烂。而家中煤气或天然气炉火力不够强，因此要尽量以最强的火力来炒青菜，而梗多的蔬菜像空心菜、上海青等，可以先将梗入锅炒熟，最后再下菜叶的部分，能避免将菜叶炒得过烂。此外不盖锅盖焖煮，也能避免叶菜类变得糊烂，而耐久煮的根茎类蔬菜则可视口感需要，决定要不要盖上锅盖。

Q2 有苦涩味的蔬菜怎么炒才会好吃?

A: 许多蔬菜都带有苦涩的味道，让许多人不喜欢吃，其实只要在烹调时用点小技巧，就能改善蔬菜苦涩的味道。以叶菜类来说，先将其放入加了少许油的沸水中稍微汆烫一下，就可以减少苦涩，而调味时加入少许糖或带有甜味的调味料，也能让苦涩味道减轻，勾少许的薄芡也能让涩口的口感消失。此外苦瓜的苦主要来自苦瓜籽与内部的白膜，只要将其去除再稍微汆烫，就可以减少大部分的苦味。

Q3 蔬菜炒好上桌就变黄变黑怎么办?

A: 刚炒好的蔬菜新鲜翠绿，看起来非常可口，但是上桌后没一会儿就变黄变黑，看起来就一点儿都不好吃。这是因为有些蔬菜比较容易氧化，因此隔绝蔬菜与空气直接接触就可以减缓蔬菜的氧化。比如茄子刚切好马上就会变黑，可以先将其泡入盐水中，而烹调时也可以先过油，利用油脂包裹蔬菜，使其保持颜色漂亮不变黑，而叶菜则可利用加了少许油的沸水稍微汆烫。

Q4 怎么让蔬菜炒得更香更鲜嫩?

A: 蔬菜通常比较清淡，因此要炒得好吃就必须靠调味，不过如果调味太重，也会破坏蔬菜的鲜味，这时不妨利用爆香料来增进蔬菜的风味，而且爆香的风味比浓郁的调味料更自然。此外，许多蔬菜都有老梗粗丝，花点时间先去除这些部位，你炒的蔬菜就会比别人的好吃。

01 干煸四季豆

|材料 ingredient|

四季豆……300克
肉馅……80克
蒜末……1/2小匙
姜末……1/4小匙
红辣椒末……1/4小匙
凉开水……2大匙
色拉油……适量

|调味料 seasoning|

辣豆瓣酱……1大匙
糖……1/2小匙
酱油……1小匙

|腌料 pickle|

盐……1/4小匙
淀粉……1/2小匙

|做法 recipe|

1. 四季豆摘去两端老梗，洗净沥干，备用。
2. 肉馅加入腌料拌匀，备用。
3. 热油锅，烧热后放入四季豆，以大火将表面炸至略焦，再捞出沥油，备用。
4. 倒出多余的油，放入肉馅炒至肉色变白，再加入姜末、蒜末、红辣椒末、辣豆瓣酱炒香，继续放入四季豆，加入2大匙凉开水及糖、酱油，以小火煸炒至干香即可。

02四季豆炒蛋

|材料 ingredient|

四季豆……………………200克
鸡蛋……………………3个
肉馅……………………50克
色拉油……………………适量

|调味料 seasoning|

A 胡椒粉……………………少许
盐……………………少许
B 米酒……………………1大匙
鸡粉……………………1/2小匙
盐……………………少许
酱油……………………1小匙

|做法 recipe|

1. 四季豆洗净切去蒂头，切成约1厘米见方的粗丁。
2. 鸡蛋打入碗中，加入调味料A拌匀。
3. 热锅，加入适量色拉油后，放入肉馅炒至呈松散粒状，加入调味料B充分拌炒，再放入四季豆粗丁，并将调好味的蛋液一次倒入（若锅中的油量不足，可再加一些），翻炒至蛋液成松散粒状即可。

03虾酱炒四季豆

|材料 ingredient|

四季豆……………………300克
红辣椒末……………………1/4小匙
大蒜末……………………1/4小匙
色拉油……………………适量

|调味料 seasoning|

虾酱……………………1/2大匙
椰糖……………………1/2大匙
料酒……………………1大匙

|做法 recipe|

1. 四季豆洗净，撕除老筋后切段，放入沸水中汆烫至变色，捞出沥干水分备用。
2. 热锅倒入适量油烧热，放入红辣椒末、大蒜末以小火炒出香味，再依序加入所有调味料和焯好的四季豆段，改大火拌炒均匀即可。

04 美奶炒四季豆

|材料 ingredient|

四季豆……………………150克
蒜末……………………1/2小匙
乳酪丝……………………30克
市售鱼卵…………………适量

|调味料 seasoning|

美奶蛋黄酱………………适量

|做法 recipe|

1. 四季豆放入沸水（加入少许盐）中汆烫一下，捞起放入冷水中冷却，再沥干备用。
2. 热锅，放入四季豆、蒜末稍微拌炒一下，再加入美奶蛋黄酱及乳酪丝炒匀。
3. 将炒好的四季豆盛盘，撒上市售鱼卵即可。

美奶蛋黄酱

材料：
美奶滋……100克
蛋黄……………1个

做法：
将蛋黄与蛋黄酱充分拌匀即可。

05 荷兰豆炒鱿鱼

|材料 ingredient|

干鱿鱼50克、荷兰豆300克、胡萝卜丝30克、姜末1/2小匙、色拉油适量

|调味料 seasoning|

盐少许、米酒1大匙、水1大匙

|做法 recipe|

1. 干鱿鱼泡入冷水中约3小时变软后，切成细条，备用。
2. 荷兰豆洗净，撕去两旁的粗纤维。
3. 热锅，加入适量色拉油后，放入鱿鱼条炒至香味溢出，捞起备用。
4. 锅中放入姜末炒香，加入荷兰豆和胡萝卜丝快速拌炒均匀，再加入调味料和已炒好的鱿鱼条略拌炒即可。

06 毛豆炒萝卜干

|材料 ingredient|

毛豆……………………200克
萝卜干丁……………50克
蒜末………………1/2小匙
红辣椒圈……………30克
色拉油…………………适量

|调味料 seasoning|

糖………………1/2小匙
酱油………………1大匙

|做法 recipe|

1. 将毛豆放入沸水中汆烫至外观呈现翠绿色捞起备用。
2. 热锅，加入适量色拉油后，先放入萝卜干丁充分拌炒，再加入蒜末、红辣椒圈和所有调味料拌炒至入味，最后加入汆烫好的毛豆略拌炒即可。

07 毛豆炒豆皮

|材料 ingredient|

毛豆…………………200克
干豆皮…………………50克
蒜末……………1/2小匙
肉末…………………80克
色拉油…………………适量

|调味料 seasoning|

水………………100毫升
鸡粉……………………少许
盐………………………少许
香油……………………少许

|做法 recipe|

1. 毛豆放入沸水中汆烫至外观呈现翠绿色时捞起备用。
2. 干豆皮放入沸水中汆烫去油渍后，切成宽约1厘米长的段备用。
3. 热锅，加入适量色拉油后，放入肉泥末拌炒至呈松散粒状，继续加入蒜末炒香，再加入豆皮段、所有调味料（香油先不加）和已汆烫的毛豆炒匀后，淋入香油略拌炒即可。

08甜豆炒豆豉

|材料 ingredient|

甜豆……300克
红甜椒……1/2个
蒜末……1/2小匙
豆豉……1小匙
色拉油……适量

|调味料 seasoning|

盐……少许
胡椒粉……少许
鸡粉……少许

|做法 recipe|

1. 甜豆洗净沥干，撕去两旁的粗纤维；红甜椒洗净切条；豆豉切末备用。
2. 热锅，加入适量色拉油后，放入蒜末、豆豉末炒至香味溢出，加入甜豆拌炒后，再加入红甜椒条和调味料拌炒均匀即可。

09甜豆炒XO酱

|材料 ingredient|

甜豆……300克
墨鱼……100克
XO酱……30克
色拉油……适量

|调味料 seasoning|

米酒……少许
盐……少许

|做法 recipe|

1. 甜豆洗净，撕去两旁的粗纤维；墨鱼洗净沥干，先切花再切片备用。
2. 热锅，加入适量色拉油后，放入甜豆、墨鱼片和所有调味料拌炒均匀，再加入XO酱略拌炒即可。

10 豇豆炒西红柿

|材料 ingredient|

豇豆……………………… 300克
西红柿 ……………………… 1个
肉末……………………… 100克
蒜末……………………… 1/2小匙
色拉油 ……………………… 适量

|调味料 seasoning|

酱油……………………… 1大匙
米酒……………………… 1大匙
糖 ……………………… 1/4小匙
盐 ……………………… 1/4小匙

|做法 recipe|

1. 豇豆洗净，切成段，放入加少许盐（分量外）的沸水中汆烫至变色后，捞起泡入冷水中备用。
2. 西红柿洗净去蒂，在前端划十字，放入沸水中汆烫去皮，再切块备用。
3. 热锅，加入色拉油后，放入肉末拌炒至呈松散粒状，依序加入蒜末炒香，再加入切好的西红柿块、所有调味料拌炒，最后加入豇豆段炒至入味即可。

11 腐乳炒扁豆

|材料 ingredient|

扁豆……………………… 300克
甘味豆腐乳 ……………… 20克
水 ……………………… 200毫升
蒜仁……………………… 2瓣
色拉油 ……………………… 2大匙

|调味料 seasoning|

盐 ……………………… 少许
鸡粉……………………… 少许

|做法 recipe|

1. 扁豆撕去两旁的粗纤维后，洗净沥干备用；甘味豆腐乳先加入少量水拌匀，再加入剩余的水备用；蒜仁切片。
2. 热锅，加入2大匙色拉油后，放入蒜片爆香，再加入扁豆和甘味豆腐乳水拌炒，放入盐和鸡粉调味，盖上锅盖，将扁豆焖软即可。

12 雪里蕻炒皇帝豆

|材料 ingredient|

皇帝豆……………………200克
雪里蕻……………………100克
红辣椒………………………1个
色拉油……………………适量

|调味料 seasoning|

盐…………………………适量
香油………………………少许

|做法 recipe|

1. 雪里蕻洗净沥干，切粗末；皇帝豆放入加了少许盐的沸水中汆烫至浮起，捞起后去外皮；红辣椒洗净切圈备用。
2. 热锅，加入适量色拉油后，放入雪里蕻拌炒，加入红辣椒圈和焯烫的皇帝豆拌炒均匀，再加入盐调味，起锅前淋上香油即可。

13 韩式炒白菜

|材料 ingredient|

大白菜…………………400克
培根五花肉片…………100克
洋葱丝……………………30克
韭菜段……………………10克
蒜末………………………10克
色拉油……………………适量

|调味料 seasoning|

韩式辣酱…………………50克
米酒……………………1大匙
白醋………………………少许

|做法 recipe|

1. 大白菜洗净切段备用。
2. 热锅，倒入适量油，放入蒜末、洋葱丝爆香，再加入培根五花肉片炒至变色。
3. 加入韩式辣酱炒香，再加入大白菜段、韭菜段炒匀。
4. 加入其余调味料炒匀即可。

Tips理小秘诀

挑选小粒品种白菜，炒出来的口感最好；加入韩式辣酱炒出来的白菜，吃起来就像韩式泡菜的风味，只是口感比较软。

1

2

3

4

5

14开洋白菜

| 材料 ingredient |

卷心白菜…………400克
干香菇…………………3朵
虾米……………………30克
蒜末……………………10克
市售高汤………150毫升
水淀粉…………………少许
色拉油………………2大匙

| 调味料 seasoning |

盐…………………1/2小匙
鸡粉………………1/4小匙
糖…………………1/4小匙
香油…………………1小匙

| 做法 recipe |

1. 卷心白菜洗净后切片；香菇泡软洗净后切丝；虾米洗净、泡水约5分钟备用（见图1~2）。
2. 热锅，倒入2大匙油烧热，放入蒜末爆香后加入香菇丝和虾米一起炒至香味溢出（见图3）。
3. 锅中放入切好的白菜炒至微软，倒入市售高汤一起焖煮至入味后，加入调味料（香油先不加入）拌炒（见图4）。
4. 将水淀粉倒入锅中勾薄芡（见图5），最后淋入香油即可。

Tips料理小秘诀

开洋白菜可说是餐馆内点菜排行榜列前几名的佳肴，而所谓的“开洋”其实指的就是干的小虾米，因为晒干后的小虾米经过与白菜的互相提味会形成相当独特的风味。而且小虾米富含钙、磷、铁等营养物质，和白菜一起炖煮后会变得更绵软，容易入口，让不爱吃虾米的小朋友也能轻松接受。

15腐乳圆白菜

|材料 ingredient|

圆白菜……………………300克
蒜末……………………1/2小匙
姜丝……………………10克
红辣椒末………………5克
色拉油…………………2大匙

|调味料 seasoning|

豆腐乳…………………2块
糖………………………1/4小匙
料酒……………………1小匙
水………………………1大匙

|做法 recipe|

1. 将所有调味料压泥混合，备用。
2. 圆白菜洗净、切小块泡水，待要炒时再捞出沥水，备用。
3. 热锅，加入2大匙油，放入蒜末、姜丝炒香，再加入圆白菜以大火快炒约2分钟，继续加入混合好的调味料、红辣椒末，快炒1分钟即可。

16醋熘圆白菜

|材料 ingredient|

圆白菜400克、胡萝卜丝20克、红辣椒片10克、蒜片10克、葱段15克、水淀粉适量、色拉油2大匙

|调味料 seasoning|

糖1小匙、盐1/4小匙、鸡粉少许、白醋1小匙、陈醋1小匙、水150毫升

|做法 recipe|

1. 圆白菜洗净切大片备用。
2. 热锅，倒入2大匙油，放入蒜片、葱段及红辣椒片爆香，再放入胡萝卜丝及切好的圆白菜片炒约1分钟。
3. 加入所有调味料炒匀，再加入水淀粉勾薄芡即可。

Tips料理小秘诀

醋熘的风味比起糖醋多了更多的醋香与酸味，酸味来自白醋，而醋香则来自陈醋，加入两种醋的醋熘菜品风味更佳。

17 宫保圆白菜

|材料 ingredient|

圆白菜……………300克
干辣椒……………10克
花椒粒……………5克
蒜末………………10克
蒜味花生…………适量
色拉油……………适量

|调味料 seasoning|

盐……………………少许
鸡粉…………………少许

|做法 recipe|

1. 圆白菜洗净切片备用。
2. 热锅，倒入适量油，放入干辣椒、花椒粒、蒜末爆香。
3. 加入圆白菜片拌炒均匀，再加入蒜味花生及所有调味料拌匀即可。

Tips料理小秘诀

宫保圆白菜要炒出香辣的味道，并不是加入干辣椒就够了，增味添香的关键在于花椒粒。利用高温将花椒爆香后，锅中的油就会带有独特的又香又麻的风味，再搭配上干辣椒的辣才能突显这道菜的滋味。吃到花椒粒会让舌头又苦又麻的，不喜欢这味道的人可以在爆香花椒料后将其捞除。

18回锅肉炒圆白菜

|材料 ingredient|

圆白菜300克、熟五花肉100克、青蒜段40克、红辣椒片15克、色拉油适量

|调味料 seasoning|

辣豆瓣酱2大匙、米酒1大匙、酱油少许、糖少许

|做法 recipe|

1. 熟五花肉切片；圆白菜洗净切片，备用。
2. 圆白菜放入沸水中汆烫至微软，取出沥干备用。
3. 热锅，倒入适量油，放入青蒜段、红辣椒片爆香，再放入熟五花肉片炒至油亮。
4. 加入辣豆瓣酱炒香，再加入切好的圆白菜炒匀，最后加入剩余的调味料炒匀即可。

19红曲圆白菜

|材料 ingredient|

圆白菜……400克
红辣椒……1/2个
蒜仁……2瓣
色拉油……适量

|调味料 seasoning|

红曲酱……3大匙
盐……少许
胡椒粉……少许
水……150毫升

|做法 recipe|

1. 将圆白菜洗净，再撕成大块泡水备用。
2. 将红辣椒、蒜仁都洗净切片备用。
3. 热锅，倒入适量色拉油，将红辣椒、蒜片先爆香，再加入泡好水的圆白菜（水分不要沥太干）直接放入锅中炒一下，再加入所有调味料翻炒均匀，最后加盖焖一会儿即可。

20圆白菜烧肉

|材料 ingredient|

圆白菜……200克
五花肉薄片……150克
姜末……少许
黄甜椒……少许
红甜椒……少许

|调味料 seasoning|

酱油……2大匙
糖……1大匙
米酒……1大匙
味醂……少许

|做法 recipe|

1. 五花肉薄片切段，撒上少许盐。
2. 圆白菜、黄甜椒、红甜椒洗净切片。
3. 干锅烧热，放入五花肉，煎至略焦出油时，加入全部调味料，烧至入味。
4. 放入姜末炒香后，再放入圆白菜片炒熟，最后加入黄甜椒及红甜椒拌匀配色即可。

21 培根圆白菜

|材料 ingredient|

培根……… 150克
圆白菜…… 约200克
蒜仁……… 2瓣
红辣椒……… 1/2个
胡萝卜……… 30克

|调味料 seasoning|

香油……………少许
盐 ……………少许
胡椒粉 …………少许

|做法 recipe|

1. 将圆白菜洗净，撕成大块泡水备用。
2. 培根切粗丝；蒜仁、红辣椒洗净切片；胡萝卜洗净切丝备用。
3. 取一个炒锅，先将培根、蒜片以中火爆香，再将泡好水的圆白菜（水分不要沥太干）直接放入锅中，再加入胡萝卜丝、红辣椒片，盖上锅盖焖约1分钟，最后加入所有调味料炒匀，再加盖焖一小会儿即可。

Tips料理小秘诀

要保持圆白菜清脆的口感，可将其用手撕成大片，粗梗剔除不用，泡入加了少许盐的水中约10分钟，再捞起加入炒锅快炒调味，炒的全程需要使用中大火。这道菜因材料中的培根会出油，所以可以少放点油，吃起来会更健康爽口。

22樱花虾炒圆白菜

|材料 ingredient|

圆白菜……………………300克
樱花虾……………………10克
蒜仁………………………2瓣

|调味料 seasoning|

盐…………………………1小匙
鸡粉………………………1小匙

|做法 recipe|

1. 圆白菜洗净切片；蒜仁切末备用。
2. 热一锅，以2大匙油爆香蒜末、樱花虾，继续放入切好的圆白菜，大火快炒约3分钟。
3. 加入所有调味拌匀即可。

23香煎圆白菜卷

|材料 ingredient|

圆白菜叶…………………4片
胡萝卜……………………20克
竹笋………………………20克
四季豆……………………4根

|调味料 seasoning|

盐……………………1/4小匙
细砂糖………………1/4小匙

|做法 recipe|

1. 圆白菜叶洗净，放入沸水中汆烫，捞出沥干水分备用。
2. 胡萝卜、竹笋均洗净、去皮切丝；四季豆洗净，撕除老筋后切长段；备用。
3. 将圆白菜叶两两摊开叠起，平均放入处理好的所有食材，均匀地撒上盐和细砂糖，包成圆白菜卷。
4. 平底锅倒入适量油烧热，放入卷好的圆白菜卷以小火煎至外表略呈金黄色即可。

24 炒圆白菜

|材料 ingredient|

圆白菜 ………………… 300克
肉丝 ………………… 50克
葱 ………………… 2根
红辣椒 ………………… 1个
蒜末 ………………… 2小匙
色拉油 ………………… 适量

|调味料 seasoning|

盐 ………………… 1小匙
鸡粉 ………………… 1小匙
米酒 ………………… 1大匙
水 ………………… 60毫升

|做法 recipe|

1. 将圆白菜一棵剖成四瓣至六瓣，放入沸水中汆烫至梗熟透后，捞出备用。
2. 葱洗净切段；红辣椒洗净切片，备用。
3. 热一锅倒入适量油，放入蒜末及葱段、红辣椒片爆香后，再放入肉丝炒至变色。
4. 加入烫熟的圆白菜与所有调味料快炒均匀即可。

25 泰式炒茄子

|材料 ingredient|

茄子 ………………… 300克
红辣椒片 ………………… 1/4小匙
大蒜末 ………………… 1/4小匙
香菜碎 ………………… 1小匙
色拉油 ………………… 适量

|调味料 seasoning|

鱼露 ………………… 1大匙
米酒 ………………… 1/2大匙
椰糖 ………………… 1/2大匙

|做法 recipe|

1. 茄子洗净，切成长段后切条，放入热油锅中以中火略炸至变色，捞出沥油备用。
2. 热锅倒入适量油烧热，放入红辣椒片、大蒜末以小火炒出香味，再加入炸过的茄子条和所有调味料拌炒均匀，最后加入香菜碎拌炒数下即可。

26 鱼香茄子

|材料 ingredient|

茄子400克、肉末50克、咸鱼15克、蒜末1/2小匙、姜末1/2小匙、葱花1小匙、水100毫升、水淀粉1小匙、色拉油1大匙

|调味料 seasoning|

辣豆瓣酱1小匙、蚝油1小匙、酱油1/2小匙、细砂糖1/2小匙、鸡粉1/4小匙

|做法 recipe|

1. 茄子洗净削皮切粗条，表面保留少许皮（见图1）。
2. 热油锅至油温约160℃，放入茄子条，炸至茄子微软即可捞出沥油，再放入沸水中烫去油分捞出备用（见图2）。
3. 热锅放入1大匙色拉油，放入姜末、蒜末、咸鱼以小火炒香，再放入肉末炒至变白，继续加入辣豆瓣酱略炒（见图3~4）。
4. 加入水和其余调味料煮匀，再加入炸茄子条煮沸，以水淀粉勾芡，撒上葱花即可（见图5）。

1

2

3

4

5

27 豆豉茄子

|材料 ingredient|

茄子350克、九层塔20克、红辣椒10克、姜10克、葵花籽油1大匙、水150毫升、葵花籽油适量

|调味料 seasoning|

豆豉20克、细砂糖1/2小匙、盐少许、味精少许

|做法 recipe|

1. 九层塔取嫩叶洗净；红辣椒、姜洗净切片，备用。
2. 茄子洗净去头尾、切段；热油锅至油温约160℃，放入茄子段炸至微软后捞出，沥油备用。
3. 热锅倒入葵花籽油，爆香姜片，放入豆豉炒香，再放入红辣椒片和已过油的茄子段拌炒。
4. 锅中继续放入其余调味料和水拌炒均匀，再放入九层塔叶炒至入味即可。

28 西红柿炒茄子

|材料 ingredient|

茄子……150克
西红柿……50克
青辣椒……1个
姜……10克
橄榄油……1小匙

|调味料 seasoning|

酱油……1小匙
陈醋……1小匙
糖……1/2大匙
盐……1/4小匙

|做法 recipe|

1. 西红柿、青辣椒洗净切丁；姜洗净切片；茄子洗净切条汆烫备用。
2. 取一不粘锅放油后，爆香姜片、青辣椒丁。
3. 放入西红柿丁、茄子略拌后，加入调味料煮至收汁即可。

29烩茄盒

|材料 ingredient|

茄子350克、肉末150克、葱花1大匙、姜末1/2小匙、水100毫升

|调味料 seasoning|

A 盐1/4小匙、糖1/4小匙、酱油1/4小匙、胡椒粉1/4小匙、香油1/4小匙、酒1/2小匙、蛋液1大匙、淀粉1小匙

B 蚝油1大匙、糖1/4小匙、水淀粉1小匙

|做法 recipe|

1. 肉末中加入调味料A和姜末，并摔打数十下后放入冰箱冷藏备用。
2. 茄子洗净，切4厘米长的段，一端切十字形。
3. 将肉末镶入茄子切十字形的一端。
4. 热锅，加入适量色拉油，将已镶上肉末的茄子放入锅中，煎炸4分钟，捞出沥油置盘内。
5. 锅中留少许底油，加水和调味料B（水淀粉先不加）后，用水淀粉勾芡，并撒上葱花制成酱汁。
6. 将调好的酱汁淋在茄子上即可。

30蒜炒西蓝花

|材料 ingredient|

菜花……………………100克
西蓝花…………………100克
胡萝卜…………………30克
蒜仁……………………2瓣
橄榄油…………………1小匙

|调味料 seasoning|

盐……………………1/2小匙

|做法 recipe|

1. 菜花、西蓝花洗净掰小朵；胡萝卜洗净切片；蒜仁切片备用。
2. 煮一锅水，将菜花、西蓝花烫熟捞起沥干备用。
3. 取一不粘锅放油后，爆香蒜片。
4. 放入菜花、西蓝花和胡萝卜片略拌，调味即可。

31 草菇烩双花

|材料 ingredient|

草菇……100克
西蓝花……200克
菜花……200克
胡萝卜……10克
姜……10克
葵花籽油……2大匙
水淀粉……适量

|调味料 seasoning|

盐……1/4小匙
细砂糖……少许
香菇粉……1/4小匙
香油……少许

|做法 recipe|

1. 草菇洗净；胡萝卜洗净切片；姜洗净切丝；菜花、西蓝花分别洗净分成小朵，备用。
2. 将菜花、胡萝卜片放入沸水中汆烫约1分钟，接着放入西蓝花快速汆烫后一并捞出，沥干水分；再放入草菇快速汆烫，捞出沥干水分备用。
3. 热锅倒入葵花籽油，爆香姜丝，放入草菇略拌，接着放入菜花、西蓝花、胡萝卜片、所有调味料拌炒均匀至入味，以水淀粉勾芡即可。

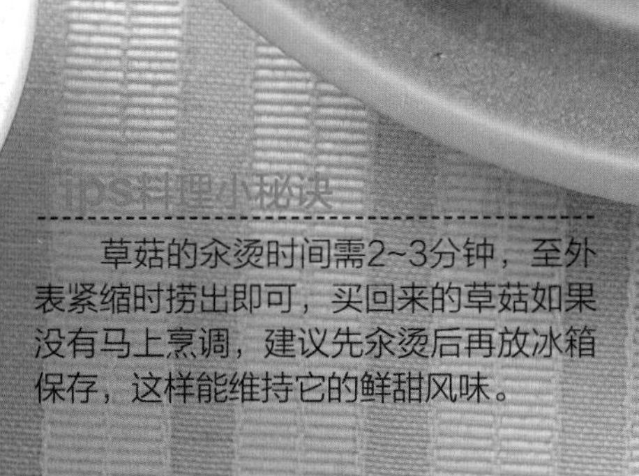

Tips料理小秘诀

草菇的汆烫时间需2~3分钟，至外表紧缩时捞出即可，买回来的草菇如果没有马上烹调，建议先汆烫后再放冰箱保存，这样能维持它的鲜甜风味。

32双色菜花炒鲜菇

|材料 ingredient|

菜花150克、西蓝花150克、鲜香菇60克、胡萝卜片15克、蒜末10克、色拉油适量

|调味料 seasoning|

盐1/4小匙、鸡粉少许、香油少许、白胡椒粉少许

|做法 recipe|

1. 菜花、西蓝花洗净，削除根部粗皮，切小朵后放入沸水中汆烫一下，捞起浸泡冷水后，沥干备用。
2. 鲜香菇洗净切小块备用。
3. 热锅，倒入适量油，放入蒜末爆香后，加入的鲜香菇块炒香。
4. 放入焯好的的西蓝花、菜花以及胡萝卜片炒匀，加入所有调味料拌炒均匀即可。

Tips料理小秘诀

西蓝花也是耐煮的蔬菜，因此可以事先烫过，这样可以减少拌炒的时间。而烫过后泡入冷水中，则会让西蓝花的口感更加清脆，颜色也比较漂亮。

33黄花菜炒菜花

|材料 ingredient|

菜花300克、干黄花菜15克、干香菇2朵、蒜片10克、色拉油适量

|调味料 seasoning|

盐1/4小匙、鸡粉少许、香油1小匙、白胡椒粉少许

|做法 recipe|

1. 干香菇洗净，泡水至软洗净切丝；干黄花菜洗净泡水至软后打结，备用。
2. 菜花洗净，削除根部粗皮，切小朵后放入沸水中汆烫一下，捞起浸泡冷水；再将打结的黄花菜放入沸水中汆烫，分别沥干备用。
3. 热锅，倒入适量油，加入蒜片、香菇丝爆香，再放入菜花、黄花菜结炒匀，加入所有调味料炒入味即可。

Tips料理小秘诀

干的黄花菜食用前要先用水泡开，因为其花瓣容易脱落，所以要将黄花菜花打结避免其在炒的过程中散开。

34咸蛋炒西蓝花

|材料 ingredient|

西蓝花……………………300克
咸蛋………………………………1个
蒜末………………………1/4小匙
色拉油……………………………适量

|调味料 seasoning|

盐…………………………1/4小匙
香油………………………1/2小匙

|做法 recipe|

1. 将西蓝花洗净，梗和花分开，再将花切成小朵，放入沸水中汆烫至熟。
2. 咸蛋切碎末，备用。
3. 锅内加入少许色拉油，放入的咸蛋末、蒜末、所有调味料和烫过的西蓝花以大火炒匀即可。

35箭笋炒蚕豆

|材料 ingredient|

箭笋100克、蚕豆50克、红辣椒10克、葱1根、蒜仁1瓣、水300毫升、色拉油适量

|调味料 seasoning|

盐1小匙、砂糖1小匙、水5大匙、香油1大匙

|做法 recipe|

1. 箭笋、蚕豆洗净沥干；红辣椒洗净沥干，去籽切条；葱洗净沥干，切斜段；蒜仁切片备用。
2. 取锅，倒入300毫升的水煮至滚沸，放入箭笋、蚕豆略汆烫后，捞起泡入冰水中约1分钟，再捞起沥干备用。
3. 取锅，加入适量油烧热后，放入红辣椒条、葱段和蒜片爆香，再放入汆烫后的箭笋、蚕豆和调味料以小火焖炒3~4分钟至汤汁略收即可。

36 辣炒箭笋

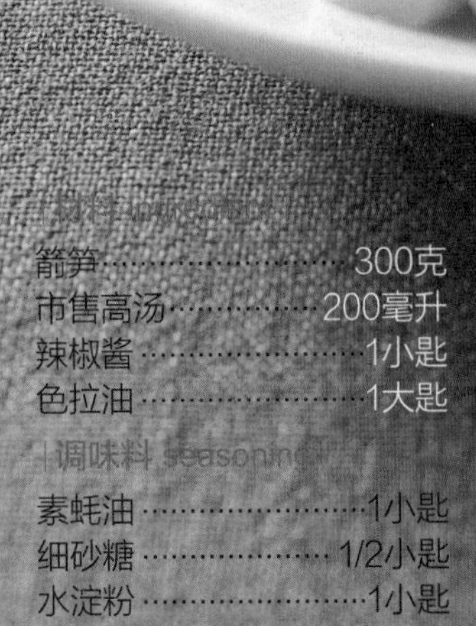

|材料 ingredient|

箭笋……………………300克
市售高汤……………200毫升
辣椒酱……………………1小匙
色拉油……………………1大匙

|调味料 seasoning|

素蚝油……………………1小匙
细砂糖………………1/2小匙
水淀粉……………………1小匙

|做法 recipe|

1. 将箭笋洗净，放入沸水中汆烫，捞起备用。
2. 热锅加入1大匙色拉油，放入辣椒酱炒香，加入市售高汤、烫好的箭笋及所有调味以小火煨煮15分钟即可。

37 辣豆瓣桂竹笋

|材料 ingredient|

桂竹笋400克、肉末100克、蒜末1大匙、葱段50克、水淀粉适量、色拉油适量

|调味料 seasoning|

盐1小匙、糖2小匙、鸡粉2小匙、米酒1大匙、辣豆瓣酱2大匙、水180毫升

|做法 recipe|

1. 桂竹笋切成约5厘米X1厘米的长片，放入沸水中汆烫至稍软后捞起沥干备用。
2. 热一锅，倒入适量油，放入蒜末、葱段与肉末爆香。
3. 加入所有调味料与桂竹笋片，以中火炒至桂竹笋片入味，再以水淀粉勾芡即可。

38 清炒三丝

|材料 ingredient|

绿竹笋200克、小黄瓜100克、鸡胸肉100克、嫩姜1小块、色拉油少许

|调味料 seasoning|

A 水100毫升、米酒15毫升、鸡粉2克、盐少许

B 盐适量、胡椒粉适量、淀粉适量、蛋清适量

|做法 recipe|

1. 绿竹笋去壳切片后再切丝；小黄瓜洗净对切去籽再切丝；嫩姜洗净切丝；鸡胸肉洗净切片后再切丝，加入调味料B抓匀，备用。
2. 热一锅，倒入适量色拉油，放入腌制的鸡丝拌炒至松散，捞起备用。
3. 锅中再加入少许色拉油，将嫩姜丝、笋丝、小黄瓜丝入锅中拌炒一下，再加入炒好的鸡丝与调味料A拌炒均匀即可。

39 脆笋炒梅花肉片

|材料 ingredient|

腌脆笋	150克
梅花肉片	150克
蒜末	10克
红辣椒末	10克
色拉油	2大匙

|调味料 seasoning|

盐	少许
糖	1/4小匙
酱油	1小匙
米酒	1/2大匙

|做法 recipe|

1. 腌脆笋洗净，浸泡在水中约15分钟，再放入沸水中汆烫约3分钟，捞出沥干水分备用。
2. 起一炒锅，热锅后加入2大匙色拉油，将蒜末与红辣椒末入锅爆香，放入梅花肉片拌炒。
3. 锅中加入备好的腌脆笋与所有调味料炒至入味即可。

40桂竹笋炒肉丝

|材料 ingredient|

桂竹笋……………………200克
肉丝………………………80克
蒜末……………………1/2小匙
水………………………100毫升
色拉油……………………适量

|调味料 seasoning|

市售客家豆酱…………1大匙
酱油膏…………………1.5小匙

|腌料 pickle|

盐………………………1/4小匙
淀粉……………………1/2小匙

|做法 recipe|

1. 桂竹笋切段洗净，备用。
2. 肉丝加入腌料拌匀，备用。
3. 热锅，加入适量色拉油，放入蒜末炒香，再加入腌好的肉丝炒至变白，继续加入市售客家豆酱略炒，再加入水和酱油膏、桂竹笋段，以小火炒煮至汤汁略收即可。

41笋香炒蛋

|材料 ingredient|

绿竹笋200克、鸡蛋2个、五花薄肉片60克、生木耳100克、葱2根、姜10克、色拉油 4 大匙

|调味料 seasoning|

A 酱油25毫升，米酒15毫升，醋10毫升
B 香油6毫升，盐少许，胡椒粉少许

|做法 recipe|

1. 绿竹笋煮熟去壳，切滚刀小块；生木耳洗净、切方形小片；五花薄肉片、葱切约2厘米长的段；姜洗净切薄片；调味料A混合，备用。
2. 鸡蛋打散，加入盐、胡椒粉拌匀制成蛋液备用。
3. 热一锅，倒入3大匙色拉油，加入蛋液快速拌炒至呈半熟块状，捞起备用。
4. 锅中再加入1大匙色拉油，放入姜片、葱段、五花薄肉片、笋块、木耳片拌炒均匀，加入混合的调味料A炒匀，再加入炒好的鸡蛋略拌炒，起锅前淋入香油即可。

42皮蛋炒苦瓜

|材料 ingredient|

苦瓜250克、皮蛋1个、蒜仁2瓣、肉末180克、红辣椒1/2个

|调味料 seasoning|

盐1小匙、胡椒粉少许、香油1小匙、糖1小匙、鸡粉1小匙

|做法 recipe|

1. 将苦瓜对切，去籽、刮除白膜，切成小条备用。
2. 将苦瓜放入加有少许糖(分量外)的沸水中汆烫后，捞起泡冰水，再沥干备用。
3. 皮蛋切碎；蒜仁、红辣椒洗净切片，备用。
4. 起一个平底锅，倒入适量色拉油，先放入皮蛋、蒜头、红辣椒炒香，再放入苦瓜条大火快炒，最后加入所有调味料拌炒均匀即可。

Tips料理小秘诀

苦瓜特有的苦味，让很多人不敢尝试。其实苦瓜的苦味源于苦瓜籽及内部的白膜，只要先仔细去籽及白膜，再经过汆烫，汆烫的水中放入少许糖压味，汆烫好的苦瓜再放入冰水里冰镇冷却后再烹炒，就能去掉苦瓜大部分的苦味。

43苦瓜炒豆豉

|材料 ingredient|

处理好的苦瓜片……500克
豆豉……1大匙
蒜片……30克
色拉油……2大匙
红辣椒片……适量
水……少许
米酒……少许
香油……1小匙
冰糖……少许

|做法 recipe|

1. 取锅加入色拉油烧热，将蒜片、红辣椒片、豆豉放入炒匀爆香。
2. 放入苦瓜片，快炒均匀再加米酒、冰糖，接着倒入少许水改转中火煮至汤汁沸腾后，滴入香油即可。

1

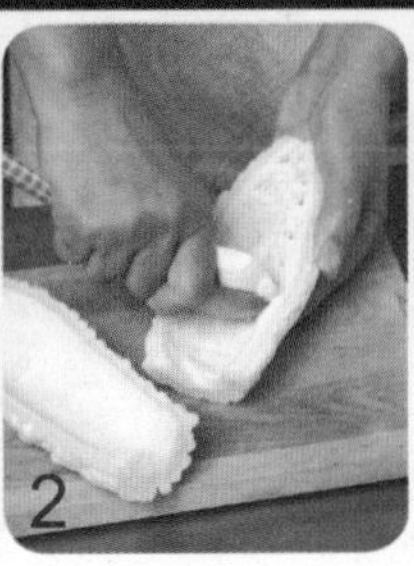
2

3

44银鱼炒苦瓜

|材料 ingredient|

苦瓜……………………300克
银鱼……………………50克
红辣椒末………………10克
葱末……………………10克
蒜末……………………10克

|调味料 seasoning|

盐……………………1/2小匙
米酒……………………1大匙
鸡粉……………………少许
香油……………………少许
白胡椒粉………………少许

|做法 recipe|

1. 苦瓜洗净去籽，刮除内侧白膜后切片，放入沸水中汆烫一下，取出沥干；银鱼稍微洗净，备用。
2. 热锅，倒入适量油，放入红辣椒末、葱末、蒜末爆香。
3. 加入备好的银鱼炒香，再加入苦瓜片、所有调味料炒匀即可。

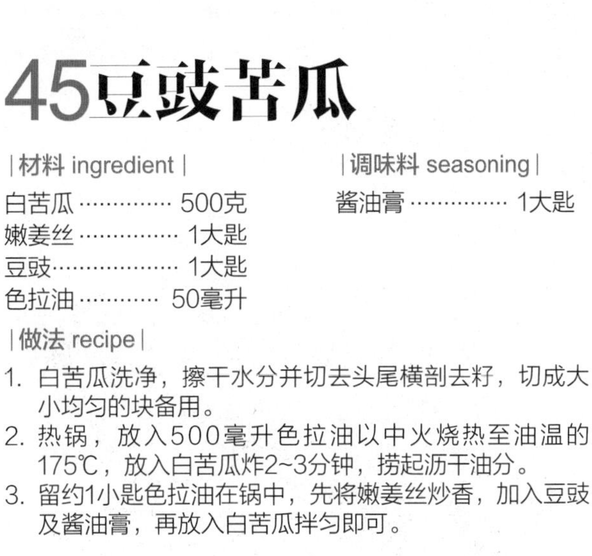

45豆豉苦瓜

|材料 ingredient|

白苦瓜………… 500克
嫩姜丝………… 1大匙
豆豉……………… 1大匙
色拉油……… 50毫升

|调味料 seasoning|

酱油膏…………… 1大匙

|做法 recipe|

1. 白苦瓜洗净，擦干水分并切去头尾横剖去籽，切成大小均匀的块备用。
2. 热锅，放入500毫升色拉油以中火烧热至油温的175℃，放入白苦瓜炸2~3分钟，捞起沥干油分。
3. 留约1小匙色拉油在锅中，先将嫩姜丝炒香，加入豆豉及酱油膏，再放入白苦瓜拌匀即可。

46菠萝炒苦瓜

|材料 ingredient|

白苦瓜…………150克
青苦瓜…………150克
菠萝………………60克
姜末………………10克
色拉油……………适量

|调味料 seasoning|

盐……………1/4小匙
糖…………………少许
鸡粉………………少许

|做法 recipe|

1. 白苦瓜与青苦瓜洗净去籽，刮除内侧白膜后切片，放入沸水中氽烫一下；菠萝去皮切丁，备用。
2. 热锅，倒入适量油，放入姜末爆香，再放入苦瓜片、菠萝丁炒匀。
3. 加入所有调味料炒匀即可。

47福菜肉丝炒苦瓜

|材料 ingredient|

白苦瓜…………400克
福菜………………30克
肉丝……………100克
蒜末………………10克
姜末………………10克
红辣椒丝…………适量
色拉油……………少量

|调味料 seasoning|

水……………50毫升
盐……………1/4小匙
糖……………1/2小匙
鸡粉………………少许
米酒……………1大匙

|做法 recipe|

1. 白苦瓜洗净去籽，刮除内侧白膜后切大片，放入热油锅中过一下油；福菜略清洗后切丁，备用。
2. 热锅，倒入少量油，放入姜末、蒜末爆香，再放入肉丝炒至颜色变白。
3. 加入福菜丁炒匀后，再加入白苦瓜片、红辣椒丝拌炒均匀。
4. 加入所有调味料炒至入味即可。

48苍蝇头

|材料 ingredient|

韭菜花200克、肉末100克、豆豉50克、红辣椒片30克、蒜末30克、色拉油适量

|调味料 seasoning|

酱油1小匙、盐1/2小匙、砂糖1小匙、香菇精1小匙、米酒1大匙、胡椒粉1/2小匙、水60毫升、香油适量

|做法 recipe|

1. 韭菜花洗净，切粒，备用。
2. 热油锅，以小火爆香豆豉、红辣椒片及蒜末，再放入肉末与韭菜花粒拌炒均匀，加入所有调味料，以大火炒至收汁即可。

Tips料理小秘诀

“苍蝇头”这道川菜常让初次听闻的人有点害怕，其实是因为食材中使用了豆豉、韭菜花丁、红辣椒以及肉末一同拌炒，因为外观很像苍蝇头，所以才被称为“苍蝇头”。虽然名称不甚雅致，但是香味四溢，口感丰富，是一道集香、咸、辣为一体的佐饭佳肴。

49雪里蕻毛豆百叶

|材料 ingredient|

雪里蕻……………………100克
百叶…………………………20张
毛豆…………………………50克
小苏打粉……………………1小匙
市售高汤……………100毫升
色拉油………………………1小匙

|调味料 seasoning|

盐…………………………1/4小匙
细砂糖…………………1/8小匙
香油…………………………1小匙

|做法 recipe|

1. 煮200毫升85℃的温水，加入小苏打粉拌匀，将百叶逐张放入，泡30分钟再冲水20分钟，沥干切片备用。
2. 雪里蕻切碎洗净，挤去水分，以干锅小火炒3分钟备用。
3. 毛豆放入沸水中汆烫至熟，过凉水备用。
4. 将市售高汤煮沸，加入所有调味料和已处理的百叶以小火煮5分钟。
5. 加入雪里蕻、毛豆，加入色拉油，以大火炒至汤汁略收即可。

50雪里蕻炒肉末

|材料 ingredient|

雪里蕻……………………200克
肉末……………………150克
蒜末……………………10克
姜末……………………10克
红辣椒……………………1个
色拉油……………………2大匙

|调味料 seasoning|

盐……………………少许
鸡粉……………………1/4小匙
细砂糖……………………1/2小匙
香油……………………少许

|做法 recipe|

1. 雪里蕻、红辣椒洗净切细丁，备用。
2. 热锅，倒入2大匙色拉油烧热，放入姜末、蒜末爆香，再放入肉末炒散，炒至颜色变白。
3. 继续放入的雪里蕻丁、红辣椒丁拌炒1分钟，再加入所有调味料拌炒入味即可。

51芦笋炒白果

|材料 ingredient|

白果……………………100克
芦笋……………………200克
胡萝卜丝……………………30克
市售高汤……………………1碗
盐……………………少许
水淀粉……………………1小匙
色拉油……………………1大匙

|调味料 seasoning|

盐……………………1/2小匙
姜汁……………………1小匙
鸡粉……………………1/4小匙

|做法 recipe|

1. 将白果放入沸水汆烫捞起放入锅中，加入材料中的市售高汤和盐，以小火煮5分钟，再关火浸泡10分钟沥干备用。
2. 热锅加入1大匙色拉油，放入切段的芦笋、盐和姜汁，以大火略炒，再放入泡好的白果、胡萝卜丝和鸡粉炒匀，最后用水淀粉勾芡即可。

52XO酱炒芦笋

|材料 ingredient|

芦笋……150克
葱段……10克
姜片……10克
红辣椒片……30克
胡萝卜片……10克
色拉油……适量

|调味料 seasoning|

XO酱……2大匙
糖……1小匙
水……30毫升

|做法 recipe|

1. 芦笋洗净切段，放入沸水中汆烫，再捞起泡冷水，备用。
2. 热锅，加入适量色拉油，放入葱段、姜片、红辣椒片、胡萝卜片炒香，再加入过冷水的芦笋段及所有调味料快炒均匀即可。

Tips料理小秘诀

绿色青菜常在汆烫后捞起泡冷水（或泡冰水），可防止菜色变黑，能保持菜色翠绿色泽并增加清脆口感。

53腐衣煎芦笋

|材料 ingredient|

芦笋……400克
新鲜豆腐皮……2片
色拉油……适量

|调味料 seasoning|

盐……1/4小匙

|做法 recipe|

1. 芦笋洗净，沥干水分从中央对切成长段；新鲜豆腐皮分别对切成两片，以热开水洗净，沥干水分，备用。
2. 将豆腐皮分别展开摊平，每张整齐排入约5根切好的芦笋段，均匀地撒上盐，包卷起来备用。
3. 平底锅倒入适量油烧热，将卷好的腐皮芦笋卷收口处朝下放入锅中，以小火煎至两面呈金黄色即可。

54 培根煎芦笋

|材料 ingredient|

培根……………………………4片
芦笋……………………………8根

|调味料 seasoning|

黑胡椒 …………………… 少许

|做法 recipe|

1. 芦笋去尾部的老丝，再切成段洗净备用。
2. 培根平铺，放入 4 根芦笋段，卷起固定，撒上少许黑胡椒粉，重复此步骤至材料用完。
3. 起一个平底锅，放入培根芦笋卷，以小火慢慢地将每一面煎上色。
4. 使用纸巾将培根油沾掉一部分即可。

Tips料理小秘诀

怎样做出脆而少油的培根芦笋呢？，因培根本身含油很多，利用这种特性，只要用培根将芦笋卷起来，不放油入锅，加盖以小火煎至上色起锅即可，少油又健康。

55 丝瓜炒蛤蜊

|材料 ingredient|

丝瓜…………………… 300克
蛤蜊……………………150克
胡萝卜片………………… 20克
蒜片……………………… 20克
姜丝……………………… 20克
色拉油 …………………… 适量

|调味料 seasoning|

水 ……………………300毫升
盐 ……………………… 1/2小匙
鸡粉…………………… 1/2小匙
糖 ……………………… 1/2小匙

|做法 recipe|

1. 丝瓜去皮、切块；蛤蜊吐沙、洗净，备用。
2. 热锅，加入适量色拉油，放入蒜片、姜丝炒香，再加入胡萝卜片、切好的丝瓜块、吐沙处理后的蛤蜊，加入300毫升的水焖煮，至蛤蜊开口后再加入其余调味料快炒均匀即可。

Tips料理小秘诀

蛤蜊吐沙时，只要在浸泡的水中加入1滴色拉油，就能使其吐沙的速度更快。

56干贝丝瓜

|材料 ingredient|

干贝……………………50克
处理好的澎湖丝瓜片·300克
红辣椒末………………少许
色拉油……………………3大匙

|调味料 seasoning|

盐……………………1/2匙
糖……………………1/2小匙
水淀粉……………………1匙

|做法 recipe|

1. 先将干贝以冷开水泡发约1小时至软，再用手轻轻剥散备用。
2. 热一炒锅，倒入约3大匙油烧热，放入剥好的干贝丝、红辣椒末爆香，再将澎湖丝瓜片、调味料（淀粉先不加入）放入拌炒至匀。
3. 起锅前加入水淀粉勾薄芡拌匀盛盘。
4. 最后在干贝丝瓜撒上少许红辣椒末（材料外）作装饰即可。

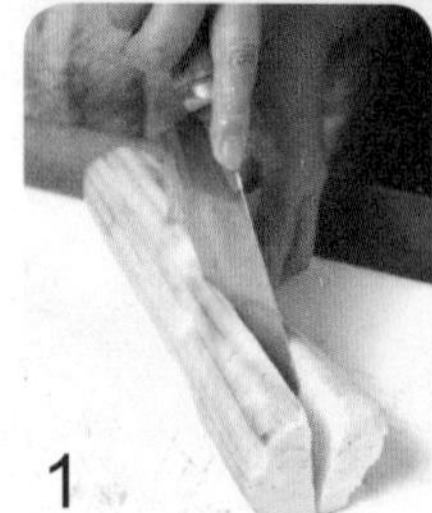

1

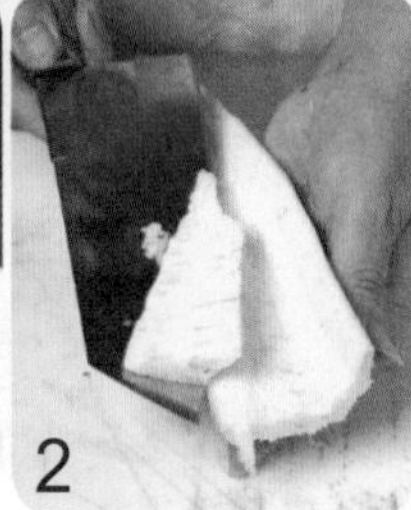

2

3

57南瓜鱼饼

|材料 ingredient|

鱼浆……………………300克
南瓜……………………200克
蒜泥……………………1大匙
姜末……………………1小匙
色拉油……………………少许

|调味料 seasoning|

糖……………………1小匙

|做法 recipe|

1. 南瓜去皮，放入蒸锅中以大火蒸约15分钟至熟，取出后趁热捣成泥，备用。
2. 取一调理盆，放入鱼浆、蒜泥、姜末、捣好的南瓜泥与糖拌匀，制成南瓜浆。
3. 把拌匀的南瓜浆捏成扁平饼状，放在蒸盘上以蒸锅蒸熟，取出摆盘。
4. 取平底锅，锅热后加入少许色拉油，把蒸熟的南瓜鱼饼放入，煎至两面焦黄即可。

58 香爆南瓜

材料 ingredient

南瓜……………………600克
豆豉……………………15克
蒜末……………………20克
水……………………200毫升
色拉油……………………适量

调味料 seasoning

米酒……………………15毫升
盐……………………少许

做法 recipe

1. 南瓜洗净去籽，切块；豆豉切碎末备用。
2. 热锅，加入适量色拉油后，放入豆豉碎末和蒜末炒香，加入南瓜块，淋入米酒，再加水焖煮至熟，最后加盐调味即可。

59瓢瓜丝炒虾皮

|材料 ingredient|

瓢瓜………………………400克
虾皮………………………15克
蒜末………………………1/2小匙
水…………………………100毫升
色拉油……………………适量

|调味料 seasoning|

盐…………………………少许
鸡粉………………………少许

|做法 recipe|

1. 瓢瓜洗净去皮，刨细丝备用。
2. 热锅，加入适量色拉油，先放入虾皮爆香，再加入蒜末拌炒。
3. 加入瓢瓜丝、水和调味料拌煮至入味即可。

60清炒瓢瓜

|材料 ingredient|

瓢瓜………………………500克
虾皮………………………10克
蒜末………………………适量
色拉油……………………适量

|调味料 seasoning|

盐…………………………适量

|做法 recipe|

1. 瓢瓜去皮切粗条，放入沸水中汆烫至稍软，捞出沥干；虾皮洗净沥干，备用。
2. 热锅，倒入适量油，放入虾皮与蒜末炒香。
3. 于锅中加入已汆烫的瓢瓜条略炒，再放入盐调味拌匀即可。

61虾仁冬瓜

|材料 ingredient|

冬瓜……600克
虾仁……50克
姜丝……少许

|调味料 seasoning|

米酒……2大匙
生抽……1大匙
柴鱼素……1/2小匙
水……240毫升

|腌料 pickle|

米酒……1小匙
盐……1/4小匙
淀粉……1/2小匙

|做法 recipe|

1. 冬瓜去籽、去皮、洗净、切块备用。
2. 将虾仁与所有腌料抓匀，腌约15分钟，备用。
3. 取一炒锅，加入所有调味料煮开，接着放入切好的冬瓜块和姜丝，以小火煮约10分钟，再放入腌制后的虾仁煮2分钟即可。

62芝麻地瓜烧梅肉

|材料 ingredient|

梅花猪肉……150克
地瓜……200克
四季豆……50克
熟白芝麻……适量
色拉油……2大匙

|调味料 seasoning|

酱油……1大匙
细砂糖……1大匙
米酒……1大匙
盐……1/8小匙

|做法 recipe|

1. 梅花猪肉切成1厘米长的条；地瓜去皮、切1厘米长的条；四季豆洗净去筋、切段，备用。
2. 取一炒锅，烧热后加入2大匙色拉油，放入梅花猪肉条煎炒，再加入地瓜条炒匀。
3. 加入所有调味料拌炒均匀，再加入四季豆段略为拌炒，起锅前撒入熟白芝麻粒即可。

63芹段炒藕丝

|材料 ingredient|

莲藕………………120克
中芹段……………80克
胡萝卜丝…………30克
黄甜椒丝…………20克
色拉油……………适量

|调味料 seasoning|

酱油………………3大匙
盐…………………1小匙
细砂糖……………1小匙
水…………………150毫升
香油………………1大匙

|做法 recipe|

1. 莲藕切丝，放入沸水中略汆烫。
2. 取锅，加入少许油，加入烫好的莲藕丝和调味料炒香后，再放入其余材料略拌炒即可。

64醋炒莲藕片

|材料 ingredient|

莲藕………………200克
姜片………………20克
红辣椒片…………30克
色拉油……………适量

|调味料 seasoning|

盐…………………1小匙
鸡粉………………1小匙
糖…………………1小匙
白醋………………1大匙
香油………………1小匙

|做法 recipe|

1. 莲藕洗净、切圆薄片，放入沸水中煮3~4分钟，再捞起沥干，备用。
2. 热锅，加入适量色拉油，放入姜片、红辣椒片爆香，再加入莲藕片及所有调味料快炒均匀即可。

备注：盛盘后可另外加入少许香菜作装饰。

65清炒莲藕

|材料 ingredient|

莲藕200克、虾仁100克、玉米笋40克、芦笋50克、葱段15克、蒜片10克、红辣椒片10克、油1大匙

|调味料 seasoning|

盐1/4小匙、鸡粉少许、糖少许、胡椒粉少许、香油少许

|做法 recipe|

1. 莲藕洗净，削去外皮，洗净切成薄片，浸泡于冷水中；玉米笋洗净切片；芦笋洗净去尾端老茎，切段；虾仁去除肠泥，略冲洗后备用。
2. 将莲藕、玉米笋、芦笋、虾仁分别依序放入沸水中，快速汆烫后，捞出备用。
3. 热锅放油，爆香葱段、蒜片、红辣椒片后，放入做法2的食材快速拌炒一下，接着加入其余调味料拌匀即可。

66虾酱空心菜

|材料 ingredient|

空心菜……………………100克
蒜仁……………………………2瓣
红葱头…………………………2个
红辣椒……………………1/2个
色拉油…………………………适量

|调味料 seasoning|

虾米…………………………2大匙
虾酱…………………………2大匙
白胡椒粉……………………少许
水…………………………100毫升

|做法 recipe|

1. 空心菜洗净，切小段放入加了1小匙盐的水里浸泡备用。
2. 将红葱头、蒜仁、红辣椒均洗净切片备用。
3. 取一个炒锅，倒入适量色拉油，先爆香红葱头片、蒜片、红辣椒片，再加入虾酱与其余调味料炒匀，最后再加入空心菜一起翻炒均匀后，加盖焖1分钟即可。

Tips料理小秘诀

空心菜要选择菜梗较嫩且细长，叶子没有枯黄的来食用。蔬菜在空气中容易流失水分，变得较干，有时会连养分也一起流失，但通过泡冷水这步骤不仅可以让菜叶鲜灵，也会使其变得更脆，入锅快炒时口感就会鲜甜又脆，而且这方法对几乎所有蔬菜都适用。

67清炒空心菜

|材料 ingredient|

空心菜……………………300克
蒜仁………………………15克
红辣椒片…………………15克
色拉油……………………适量

|调味料 seasoning|

盐……………………1/4小匙
鸡粉…………………1/2小匙
米酒……………………2大匙
水……………………60毫升

|做法 recipe|

1. 空心菜洗净切段；蒜仁拍裂，备用。
2. 热锅，倒入适量色拉油，放入蒜仁、红辣椒片爆香。
3. 加水拌炒一下，再加入其余调味料调味。
4. 加入切好的空心菜段炒至叶片变软即可。

68客家酸菜炒肉末

|材料 ingredient|

肉泥末……………………150克
酸菜………………………200克
蒜末…………………………5克
姜末………………………10克
红辣椒圈…………………10克
色拉油……………………3大匙

|调味料 seasoning|

酱油………………………少许
糖…………………………1小匙
米酒………………………少许
鸡粉…………………1/4小匙
水…………………………3大匙

|做法 recipe|

1. 酸菜洗净沥干，切末备用。
2. 热锅，加入3大匙油烧热，放入蒜末、姜末和红辣椒圈爆香，再放入肉泥末炒至变色。
3. 加入酸菜末炒香，再加入调味料炒至入味且汤汁略收即可。

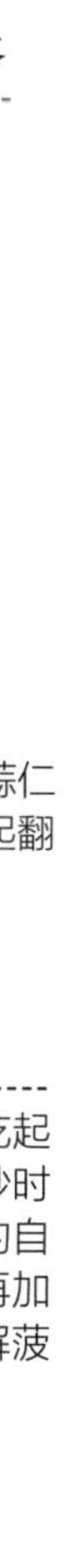

69蒜仁炒菠菜

|材料 ingredient|

菠菜250克、蒜仁2瓣、洋葱1/3个、色拉油2大匙

|调味料 seasoning|

盐少许、胡椒粉少许、香油1大匙、糖1小匙、水100毫升

|做法 recipe|

1. 菠菜洗净，切段后泡冷水，备用。
2. 蒜仁切碎；洋葱洗净切丝，备用。
3. 热锅，倒入色拉油，先加入洋葱丝与蒜仁碎爆香，再加入菠菜及所有调味料一起翻炒几下，最后加盖焖约30秒即可。

Tips料理小秘诀

有些人认为菠菜有种特别的味道，吃起来有点苦涩与刮舌的感觉，这时可在快炒时搭配少许洋葱丝，让洋葱遇热后散发出的自然的甜味去压味，若觉得效果不佳，可再加一点点糖，而加点色拉油或香油则可缓解菠菜刮舌的问题。

70菠菜炒金针菇

|材料 ingredient|

菠菜……………………… 200克
金针菇……………………150克
蒜仁…………………………2瓣
橄榄油……………………1小匙

|调味料 seasoning|

盐 ……………………… 1/2小匙

|做法 recipe|

1. 菠菜、金针菇洗净切段；蒜仁切片。
2. 取一不粘锅放油后，爆香蒜片。
3. 加入金针菇、菠菜及盐拌炒均匀盛盘即可。

Tips料理小秘诀

菠菜在烹煮时容易有涩涩的口感，添加金针菇正可以消除涩味，两者是很好的搭配。金针菇低热量、低脂、含多糖体，尤其丰富的膳食纤维容易带来饱足感，是很适合减肥族的好食材。这道菜就是要品尝食材的原味，因为两样食材都具有特殊的香味，因此烹煮时只要添加少许盐调味即可。

71 西红柿炒菠菜

| 材料 ingredient |

菠菜……300克
西红柿……80克
蒜片……15克
色拉油……适量

| 调味料 seasoning |

盐……1/4小匙
鸡粉……少许
糖……少许

| recipe |

1. 菠菜洗净切段；西红柿洗净切瓣，备用。
2. 将菠菜段放入沸水中汆烫一下，立刻捞出沥干备用。
3. 热锅，倒入适量油，放入蒜片爆香，再放入西红柿瓣炒匀。
4. 加入焯好的菠菜、所有调味料炒匀即可。

Tips料理小秘诀

市面上可以买到的菠菜大致上有两种类型，一种是圆叶菠菜，另一种是尖叶菠菜，吃起来风味差不多，但是尖叶的苦涩感相对比较少。此外，如果不喜欢菠菜涩口刮舌的感觉，可以事先过水汆烫或加入少许糖调味。

72西红柿烧豆腐

|材料 ingredient|

西红柿……………………120克
豆腐…………………………2块
葱……………………………2根
橄榄油……………………1小匙

|调味料 seasoning|

西红柿酱………………2大匙
水…………………………1/2杯
糖………………………1/2小匙
盐………………………1/2小匙

|做法 recipe|

1. 西红柿洗净切块；豆腐切小块；葱洗净切段。
2. 取锅放油后，爆香葱段。
3. 加入西红柿块拌炒后，加入调味料煮至滚沸。
4. 放入豆腐块煮至收汁即可。

73菠菜炒猪肝

|材料 ingredient|

菠菜……………………200克
猪肝……………………100克
蒜末………………………20克
红辣椒片…………………30克
色拉油…………………2大匙

|调味料 seasoning|

盐……………………………适量
鸡粉…………………………适量
米酒…………………………适量

|做法 recipe|

1. 菠菜洗净切段；猪肝切薄片，冲冷水约20分钟，捞起沥干水分。
2. 猪肝用米酒、淀粉（分量外）抓匀，放入沸水中汆烫一下捞起备用。
3. 取锅，加入2大匙色拉油爆香蒜末，放入汆烫过的猪肝、菠菜快炒，起锅前加入红辣椒片，再加入调味料拌匀即可。

74蒜香地瓜叶

|材料 ingredient|

地瓜叶……………………300克
蒜仁…………………………3瓣
色拉油…………………2大匙

|调味料 seasoning|

鸡粉…………………………1小匙
盐、胡椒粉………………少许
香油…………………………1小匙

|做法 recipe|

1. 地瓜叶洗净，挑除老叶及粗丝，再放入水中浸泡，备用。
2. 蒜仁切片备用。
3. 热锅，倒入色拉油，爆香蒜片，加入所有调味料，再以大火加入地瓜叶约炒30秒即可。

Tips料理小秘诀

炒地瓜叶时想保持菜叶油亮不黑，没什么特别之处，就是要多加一点油，还要大火快炒，而且千万不可盖锅盖，一上盖就会让地瓜叶软化与变黑。

75虾米炒地瓜叶

|材料 ingredient|

地瓜叶150克、蒜仁3瓣、姜5克、虾米1大匙

|调味料 seasoning|

盐少许、白胡椒粉少许、香油少许

|做法 recipe|

1. 将地瓜叶切去根部老梗，再切成大段洗净沥干备用。
2. 将蒜仁、姜洗净切片备用。
3. 虾米泡冷水约15分钟至软，再沥水备用。
4. 取炒锅，加入1大匙色拉油（材料外）热锅，再加入蒜片、姜片和虾米，以中火爆香。
5. 将地瓜叶与所有调味料一起加入锅内，以大火翻炒均匀即可。

Tips料理小秘诀

地瓜叶含有叶绿素、维生素A、B族维生素、磷、铁等，铁可造血并促进血液循环，对贫血、易疲倦等症状均有所帮助。而虾米则含有钙、磷及蛋白质，营养价值极高。

76 鸡丝炒油麦菜

|材料 ingredient|

鸡肉30克、油麦菜300克、蒜仁1瓣、姜1小段、红辣椒片少许、色拉油2大匙

|调味料 seasoning|

白醋1小匙、鸡粉1小匙、盐少许、胡椒粉少许、香油1小匙

|做法 recipe|

1. 先将油麦菜切段，泡水备用。
2. 姜、鸡肉洗净切丝；蒜仁切片，备用。
3. 热锅，倒入适量色拉油，先将蒜片、鸡丝、姜片炒香后，转大火加入油麦菜、红辣椒片一起翻炒，再加入所有的调味料炒匀即可。

Tips料理小秘诀

我们炒出来的油麦菜经常会变黑与变苦，这是大家的困扰，解决方法不难，只要炒的过程中不盖锅盖，稍微多一点油，调味时白醋、盐最后放，全程都使用大火翻炒即可。

77 芥蓝扒鲜菇

|材料 ingredient|

芥蓝…………200克
蟹味菇……1盒（约180克）
葱段…………10克
胡萝卜片…………适量
蒜仁…………1瓣
姜…………少许
水淀粉…………适量
色拉油…………1大匙

|调味料 seasoning|

蚝油…………1大匙
米酒…………1小匙
糖…………1小匙
鸡粉…………少许
水…………1碗
香油…………少许

|做法 recipe|

1. 芥蓝洗净，入沸水中汆烫，捞起沥干水分，摆盘。
2. 取锅，加入1大匙油，爆香蒜、姜，放入所有调味料煮开，再放入蟹味菇、葱段、胡萝卜片，最后用水淀粉勾芡，起锅前淋上香油。
3. 盛放在排好芥蓝的盘中即可。

78芥蓝菜炒腊肠

|材料 ingredient|

腊肠……………………200克
芥蓝菜…………………200克
蒜仁……………………2瓣
色拉油…………………适量

|调味料 seasoning|

盐………………………少许
胡椒粉…………………少许
蚝油……………………1小匙
糖………………………1小匙
香油……………………1小匙

|做法 recipe|

1. 腊肠、蒜仁切片，备用。
2. 将芥蓝菜老叶修剪整齐后，放入沸水中加入少许油一起快速汆烫过水，再捞起泡冷水备用。
3. 起一个炒锅，倒入适量色拉油，先加入腊肠与蒜片爆香，再加入焯烫过凉的芥蓝菜快炒，最后加入所有调味料炒匀即可。

Tips料理小秘诀

想吃到鲜绿清脆的芥蓝菜，首先购买时要挑选中型梗较短、深绿色的较好，再使用剪刀将芥蓝菜的老叶稍许修剪，这样炒出来口感会更好。炒之前先将芥蓝菜放入加了少许油的沸水中快速汆烫后，立即捞起泡在冷水中，在快炒时要先放腊肠爆香逼出油分，最后才放入汆烫好的芥蓝菜略拌炒调味即可。这样可以保持翠绿色泽和美味口感。

79小鱼苋菜

|材料 ingredient|

苋菜300克、小鱼20克、蒜末1/2小匙、色拉油2大匙、高汤100毫升

|调味料 seasoning|

盐1/4小匙

|做法 recipe|

1. 苋菜洗净，摘去老梗，留适量长度切段备用。
2. 小鱼洗净，泡水3分钟沥干，放入油锅中炸至干脆捞出备用。
3. 热锅，加入少许油，放入蒜末略炒，加入市售高汤和苋菜段。
4. 放入盐以小火煮至苋菜稍软，放入炸小鱼煮沸拌匀即可。

Tips料理小秘诀

小鱼苋菜看似简单，但也有小秘诀让它吃起来跟别人做的不一样。餐厅做这道菜时，会加入另外熬煮的鸡高汤焖煮一下，这样苋菜会更有味道。

80苋菜炒蛋

|材料 ingredient|

苋菜200克、鸡蛋3个、蒜末15克、红辣椒片15克、色拉油适量

|调味料 seasoning|

盐1/2小匙、糖1/4小匙、鸡粉1/2小匙、香油适量、水60毫升

|做法 recipe|

1. 苋菜洗净切段；鸡蛋打成蛋液，备用。
2. 热锅，倒入适量色拉油，放入蒜末、红辣椒片爆香。
3. 在锅中继续倒入蛋液炒至凝固，再加水拌炒一下，继续加入盐、糖、鸡粉调味。
4. 加入苋菜段炒匀，再滴入香油即可。

Tips料理小秘诀

苋菜是一种极不容易保存的蔬菜，购买后最好当天食用完毕，才能享用到最鲜美的味道。

81干贝芥菜

|材料 ingredient|

芥菜心500克、干贝20克、姜末5克、小苏打粉1/2小匙、橄榄油2大匙

|调味料 seasoning|

A 高汤100毫升、盐1/8匙、鸡粉1/8匙
B 高汤150毫升、盐1/4匙、鸡粉1/4匙、细砂糖1/2匙
C 水淀粉10毫升、色拉油1小匙

|做法 recipe|

1. 干贝放入小碗中，加入30毫升水泡20分钟，移入蒸笼中以大火蒸至软透备用。
2. 芥菜心洗净，切小块，放入约1500毫升加了小苏打粉的沸水中，以小火煮约1分钟，取一块较厚的芥菜心，若能以手指掐破即可关火捞出。
3. 将捞出的芥菜心以小量的水持续冲约3分钟，去掉小苏打味后沥干水分备用。
4. 热锅倒入约2大匙油烧热，放入姜末小火爆香，加入芥菜心和调匀的调味料A炒约30秒钟，盛入盘中备用。
5. 另起锅加入调味料B烧开，放入撕成丝的干干贝以小火煮滚，用水淀粉勾芡，淋入1小匙色拉油，盛出淋在芥菜心上即可。

82香菇炒上海青

|材料 ingredient|

上海青120克、鲜香菇2朵、猪五花肉30克、蒜仁1瓣、色拉油适量

|调味料 seasoning|

香油1小匙、盐少许、胡椒粉少许、水100毫升

|做法 recipe|

1. 将上海青一片片剥开切成段，再泡入冰水里面冰镇备用。
2. 将香菇、蒜仁洗净切片；猪五花肉洗净切丝备用。
3. 起一个平底锅，倒入适量色拉油，先将蒜片、猪五花肉丝、香菇片一起加入翻炒爆香，转大火，放入上海青及所有调味料一起翻炒，加盖焖20秒即可。

Tips料理小秘诀

先将上海青洗净，切去尾部、蒂部后，切段，再放入冰水中冰镇15分钟，可以让上海青保有脆度，并且锁住甜味。

83 油豆腐炒上海青

|材料 ingredient|

油豆腐……………………50克
上海青……………………200克
蒜仁……………………2瓣
橄榄油……………………1小匙

|调味料 seasoning|

盐……………………1/2小匙

|做法 recipe|

1. 油豆腐切条汆烫沥干备用。
2. 上海青洗净切段；蒜仁切片。
3. 取一不粘锅，加入橄榄油后爆香蒜片，加入油豆腐条、上海青段略拌后，再加盐拌匀即可。

84鸡丝炒上海青

|材料 ingredient|

上海青……………………120克
鸡胸肉…………………… 80克
胡萝卜……………………15克
蒜仁…………………………2瓣
红辣椒……………………1/3个

|调味料 seasoning|

盐………………………… 少许
糖…………………………1小匙
白胡椒粉………………… 少许
香油………………………1小匙

|做法 recipe|

1. 将上海青切去根部再切成小段，并洗净沥干备用。
2. 鸡胸肉洗净切丝；胡萝卜、蒜仁、红辣椒洗净切片备用。
3. 取一个炒锅，加入一大匙色拉油（材料外）热锅，再将蒜片、红辣椒片和胡萝卜片加入，以中火爆香后，加入鸡胸肉丝。
4. 继续加入上海青与所有调味料，以大火翻炒均匀即可。

85胡萝卜丝炒上海青

|材料 ingredient|

上海青………………… 250克
胡萝卜………………… 150克
蒜仁……………………… 2瓣
姜……………………… 20克
色拉油…………………3大匙

|调味料 seasoning|

盐…………………… 1/4小匙
糖…………………… 1/4小匙
水…………………… 5大匙

|做法 recipe|

1. 蒜仁切丝；姜洗净削皮切丝，备用。
2. 上海青洗净去蒂头，再对切去尾叶；胡萝卜洗净削皮，切丝备用。
3. 炒锅放入3大匙色拉油，以中火爆香蒜丝、姜丝后将火关小，再放入上海青、胡萝卜和所有调味料炒熟即可。

Tips料理小秘诀

炒菜时为避免锅中着火，放入材料时须先将炉火关小。

86 咸蛋炒上海青

|材料 ingredient|

上海青……300克
熟咸蛋……2个
红辣椒丝……适量
蒜末……10克

|调味料 seasoning|

盐……少许
鸡粉……少许
米酒……1小匙

|做法 recipe|

1. 上海青切除蒂头后洗净，切小段；熟咸蛋剥开，将蛋黄与蛋清取出，分别剁碎，备用。
2. 热锅，倒入适量油，放入蒜末与咸蛋黄碎，拌炒至蛋黄冒泡，加入红辣椒丝与上海青炒匀。
3. 加入咸蛋清碎与所有调味料炒匀即可。

Tips料理小秘诀

热炒时要选熟的咸蛋比较方便，如果只有生的咸蛋，可以事先将咸蛋蒸熟或烫熟再使用。此外，在调味料中加点酒可以减少咸蛋的蛋腥味，而且上海青风味会更好。

87香油上海青炒鸡片

|材料 ingredient|

上海青250克、鸡肉150克、香油3大匙、姜丝20克、枸杞子适量

|调味料 seasoning|

盐1/4小匙、米酒1大匙、鸡粉少许

|做法 recipe|

1. 上海青切除蒂头后洗净；鸡肉洗净切片，备用。
2. 热锅，倒入香油，加入姜丝爆香，放入鸡肉片炒至变白。
3. 加入上海青、枸杞子及所有调味料炒匀即可。

Tips料理小秘诀

上海青的梗呈现层层包覆的状态，里面会积有沙尘，如果没有分开很难将其清洗干净，最简单的方式就是将蒂头切除，这样就能轻易分开上海青了。

88豆苗虾仁

|材料 ingredient|

大豆苗……400克
虾仁……200克
蒜末……1大匙
红辣椒……2个
色拉油……适量

|调味料 seasoning|

盐……1小匙
鸡粉……2小匙
米酒……1大匙
水……100毫升
香油……适量

|做法 recipe|

1. 大豆苗摘成约6厘米长的段，放入沸水中汆烫至软；红辣椒洗净切片，备用。
2. 虾仁去肠泥后放入沸水中汆烫至熟透捞出备用。
3. 热一锅，倒入适量油，放入蒜末、红辣椒片爆香。
4. 加入所有调味料与大豆苗与虾仁，以大火快炒均匀即可。

89菠萝炒木须肉

|材料 ingredient|

瘦肉片……………………100克
木耳片…………………… 200克
菠萝片……………………160克
姜丝………………………15克
色拉油…………………… 2大匙

|调味料 seasoning|

盐………………………… 少许
米酒………………………1小匙
淀粉……………………… 少许

|腌料 pickle|

盐……………………… 1/2小匙
鸡粉……………………… 少许
糖…………………………1小匙
白醋…………………… 1/2小匙

|做法 recipe|

1. 瘦肉片加入腌料腌制10分钟。
2. 热锅，加入2大匙油烧热，放入姜丝爆香，再放入腌好的瘦肉片炒至变色。
3. 放入木耳片拌炒一下，再加入菠萝片、调味料拌炒至入味即可。

90枸杞炒小白菜

|材料 ingredient|

小白菜180克、姜10克、蒜仁2瓣、枸杞子1大匙

|调味料 seasoning|

盐少许、白胡椒粉少许、香油1小匙

|做法 recipe|

1. 将小白菜切去根部，切成大段洗净备用。
2. 姜洗净切丝；蒜仁切片；枸杞子用冷水泡软，沥干水分备用。
3. 取一个炒锅，加入1大匙色拉油（材料外）热锅，再将做法2的所有材料一起加入，以中火爆香备用。
4. 将小白菜与所有的调味料一起加入锅内，以大火翻炒均匀即可。

Tips料理小秘诀

枸杞子含丰富的烟酸、维生素A、维生素维生素B_1、维生素B_2、维生素C及钙、磷、铁等营养素，有明目养颜、强化肝脏、预防肾脏功能衰退等作用。枸杞子微甜，搭配小白菜正好可以除去小白菜尝起来较涩的口感。

91炒茭白

|材料 ingredient|

茭白300克、胡萝卜100克、肉片50克、葱2根、红辣椒1个、蒜末2小匙、水淀粉适量

|调味料 seasoning|

盐1小匙、鸡粉1小匙、米酒1大匙、水60毫升

|做法 recipe|

1. 茭白洗净切滚刀块后，放入沸水中汆烫至软；捞出备用。
2. 葱洗净切段；红辣椒洗净切片；胡萝卜洗净切片，备用。
3. 热一锅，倒入适量油，放入蒜末及葱段、红辣椒片爆香后，放入肉片炒至变色。
4. 加入茭白块、胡萝卜片与所有调味料以大火快炒均匀后，转中火以水淀粉勾薄芡拌匀即可。

92茭白炒蟹味菇

|材料 ingredient|

茭白350克、蟹味菇150克、红辣椒片15克、蒜片15克、色拉油适量

|调味料 seasoning|

A 酱油2小匙、盐1/2小匙、糖1小匙、鸡粉1/2小匙、米酒1大匙

B 水60毫升、陈醋1小匙、香油适量、水淀粉适量

|做法 recipe|

1. 茭白洗净，去皮切滚刀块，放入沸水中汆烫去除涩味；蟹味菇切除连接的蒂头，放入沸水汆烫一下，捞起备用。
2. 热锅，倒入适量色拉油，放入蒜片、红辣椒片爆香。
3. 锅中加入调味料B的水拌炒一下，再加入调味料A煮至沸腾。
4. 放入汆烫后的茭白块、蟹味菇拌炒均匀。
5. 加入陈醋、香油调味，再以水淀粉勾芡即可。

93辣炒脆黄瓜

|材料 ingredient|

小黄瓜……250克
蒜仁……2瓣
橄榄油……1小匙

|调味料 seasoning|

韩式辣椒酱……1大匙
水……2大匙
糖……1/2小匙
盐……1/4小匙

|做法 recipe|

1. 小黄瓜洗净切段；蒜仁切片。
2. 取一不粘锅，加入橄榄油后，爆香蒜片。
3. 放入小黄瓜及调味料拌炒均匀即可。

94小黄瓜炒鸡心

|材料 ingredient|

小黄瓜……250克
蒜头……2瓣
鸡心……5个
色拉油……100克

|调味料 seasoning|

香油……1小匙
盐……少许
胡椒粉……少许

|做法 recipe|

1. 小黄瓜洗净切滚刀块；蒜仁切片，备用。
2. 鸡心洗净，对切后洗净血水，备用。
3. 起一个炒锅，倒入适量色拉油，先将鸡心爆香，再加入蒜片与小黄瓜块与所有调味料一起翻炒，最后加盖焖约1分钟即可。

食谱示范：江丽珠

95枸杞炒黄花菜

|材料 ingredient|

枸杞子……10克
青黄花菜……200克
姜……10克
葵花籽油……1大匙

|调味料 seasoning|

盐……1/4小匙
味精……少许

|做法 recipe|

1. 姜洗净切丝；枸杞子洗净泡软，备用。
2. 青黄花菜去蒂头洗净，放入沸水中快速汆烫后捞出，浸泡在冰水中，备用。
3. 热锅倒入葵花籽油，爆香姜丝，放入枸杞子、青金针以及所有调味料拌炒至入味即可。

96黄花菜炒肉丝

|材料 ingredient|

绿黄花菜300克、猪肉130克、蒜仁2瓣、红辣椒1/2个

|调味料 seasoning|

盐少许、胡椒粉少许、香油1大匙、糖1小匙

|做法 recipe|

1. 将绿黄花菜前方的花瓣轻轻剥开，摘除花蕊后，洗净备用。
2. 猪肉洗净切丝；蒜仁、红辣椒洗净切片备用。
3. 起一个炒锅，倒入适量色拉油，猪肉丝入锅略炒后，加入蒜片与红辣椒片爆香，再加入绿黄花菜与调味料拌匀，最后加盖焖1分钟即可。

Tips料理小秘诀

未开花的绿色黄花菜通常炒起来会很软烂，且浸出很多绿色汁液，因此在炒之前要先将绿黄花菜中的花蕊摘除，然后再炒颜色就不会过深。

97炒魔芋牛蒡丝

|材料 ingredient|

牛蒡150克、胡萝卜30克、魔芋条150克、白芝麻适量、姜丝适量、香油适量、色拉油适量

|调味料 seasoning|

金平酱150毫升

|做法 recipe|

1. 牛蒡以刀背刮去表皮，刨成细丝浸泡在冷水中；胡萝卜去皮切丝；魔芋条放入沸水汆烫3分钟，捞起沥干，备用。
2. 热锅，倒入适量色拉油，放入姜丝炒香，加入牛蒡丝、胡萝卜丝、魔芋条略炒。
3. 加入金平酱炒匀，再加入香油、白芝麻拌炒一下即可。

金平酱

材料：

水100毫升、米酒50毫升、酱油25毫升、细砂糖15克

做法：

将所有材料混合均匀，煮至细砂糖完全溶化即可。

98清香牛蒡丝

|材料 ingredient|

牛蒡……………………250克
白芝麻……………………少许
黑芝麻……………………少许
香香油……………………少许
色拉油……………………1大匙

|调味料 seasoning|

水……………………100克
米酒……………………3大匙
白醋……………………1小匙
细砂糖……………………1大匙
生抽……………………1/2大匙

|做法 recipe|

1. 将所有调味料混合备用。
2. 牛蒡刮除表皮刨成细片，泡入水中片刻再沥干备用。
3. 锅烧热，加入1大匙食用油，将牛蒡片充分拌炒至不再出水，再加入混合调味料拌炒至略收汁。
4. 起锅前淋入香油，盛盘后撒上黑芝麻和白芝麻即可。
5. 待冷却后放入冰箱冷藏，冰凉食用风味最佳。

Tips料理小秘诀

削过皮的牛蒡暴露在空气中容易氧化变色，这时可以将削下来的牛蒡丝泡在水中，烹炒时再捞起使用，就不容易变黑。

99素炒牛蒡

|材料 ingredient|

牛蒡……………………200克
魔芋片……………………100克
胡萝卜……………………50克
姜……………………10克
橄榄油……………………1小匙

|调味料 seasoning|

酱油……………………1小匙
陈醋……………………1小匙
糖……………………1/2大匙
盐……………………1/4小匙

|做法 recipe|

1. 牛蒡削皮切片泡水备用。
2. 魔芋片切条；胡萝卜和姜洗净切片备用。
3. 煮一锅水，将魔芋片放入汆烫去味备用。
4. 取一不粘锅放油后，爆香姜片。
5. 放入牛蒡片、魔芋片、胡萝卜片拌炒均匀，加入调味料略拌即可。

100青椒炒肉丝

|材料 ingredient|

蒜末10克、猪肉丝150克、青辣椒丝60克、胡萝卜丝20克、木耳丝40克、红辣椒片10克、色拉油2大匙

|调味料 seasoning|

盐1/4小匙、鸡粉1/4小匙、香油少许

|腌料 pickle|

酱油1/2小匙、淀粉1/2小匙、米酒1小匙

|做法 recipe|

1. 猪肉丝加入所有腌料腌制约10分钟，备用。
2. 将胡萝卜丝、木耳丝放入沸水中汆烫约1分钟，再捞起沥干，备用。
3. 热锅，加入2大匙色拉油，爆香蒜末、红辣椒片，放入腌制的猪肉丝炒至颜色变白，再加入青辣椒丝快炒，继续加入胡萝卜丝、木耳丝及所有调味料，拌炒均匀至入味即可。

101糖醋双椒

|材料 ingredient|

青甜椒150克、青辣椒90克、罐头菠萝100克（不含汤汁）、沙拉笋少许、蒜末少许、姜末少许、南瓜片适量、洋葱片适量、色拉油适量

|调味料 seasoning|

糖醋酱3大匙（做法见P81）

|做法 recipe|

1. 青甜椒、青辣椒去蒂去籽，对切成两半再切段；罐头菠萝切小片；沙拉笋洗净，备用。
2. 热锅，倒入稍多油，放入青甜椒、青辣椒段过油炒软，捞起沥油备用。
3. 锅中留少许底油，放入蒜末、姜末炒香，加入菠萝片、沙拉笋、南瓜片、洋葱片及糖醋酱炒入味，再加入青甜椒、青辣椒炒匀即可。

102彩椒炒百合

|材料 ingredient|

新鲜百合……100克
青辣椒……150克
黄甜椒……150克
红甜椒……150克
姜……10克
葵花籽油……2大匙
热水……100毫升

|调味料 seasoning|

盐……1/4小匙
细砂糖……少许
味精……少许

|做法 recipe|

1. 青辣椒、黄甜椒、红甜椒去籽洗净，切片；姜洗净切片，备用。
2. 新鲜百合洗净沥干水分，备用。
3. 热锅倒入葵花籽油，爆香姜片，至其微焦后取出。
4. 锅中放入青辣椒片、黄甜椒片、红甜椒片略炒后，放入备好的百合，加入热水以及所有调味料，快炒均匀至入味即可。

Tips料理小秘诀

这道菜选用的是新鲜百合，现在新鲜百合很容易取得，市场、超市都买得到。如果买不到新鲜百合，也可以买干的百合泡软后制作。新鲜百合和干百合差异在于新鲜百合较甜，而百合的特色就是它的甜脆滋味，所以炒百合时间不需要太久，只要炒到颜色变透明即可。

103酱烧青椒

|材料 ingredient|

青辣椒……………200克
红辣椒……………60克
豆豉………………10克
姜末………………10克
色拉油……………适量

|调味料 seasoning|

酱油………………1小匙
砂糖………………1小匙
水…………………200毫升

|做法 recipe|

1. 青辣椒、红辣椒洗净擦干，放入油温约150℃的油锅中炸约10秒，捞起泡入冷水中去膜，再切长条。
2. 锅内留少许底油，加入豆豉和姜末炒香，放入调味料和炸好的青、红辣椒条煮至汤汁略收即可。

104甜豆炒彩椒

|材料 ingredient|

甜豆………………150克
蒜片………………10克
红甜椒……………60克
黄甜椒……………60克
色拉油……………适量

|调味料 seasoning|

盐…………………1/4小匙
鸡粉………………少许
米酒………………1大匙

|做法 recipe|

1. 甜豆洗净去除头尾及两侧粗丝；红甜椒、黄甜椒洗净去籽切条，备用。
2. 热锅，倒入适量油，放入蒜片爆香。
3. 加入甜豆炒1分钟，再放入红甜椒条、黄甜椒条炒匀，最后加入所有调味料拌炒均匀即可。

105胡萝卜烘蛋

|材料 ingredient|

鸡蛋3个、蛋黄酱2大匙、胡萝卜100克、肉末50克、色拉油2大匙

|调味料 seasoning|

盐1/4小匙、酱油1/4匙

|酱汁 sauce|

蒜末1大匙、辣椒酱1大匙、开水3大匙、细砂糖1/2小匙、西红柿酱1/2小匙、水淀粉1小匙

|做法 recipe|

1. 鸡蛋与蛋黄酱、盐、酱油打匀成蛋液；胡萝卜洗净切丝备用。
2. 取一平底锅，烧热后加入2大匙色拉油，加入胡萝卜丝及肉末以小火炒熟后，再加入蛋液与锅内材料混合均匀，以小火慢慢烘至两面呈金黄色，取出切片。
3. 原锅爆香酱汁材料的蒜末，接着加入辣椒酱、开水、细砂糖、西红柿酱煮开，再以水淀粉勾薄芡，即成酱汁，淋在切好的蛋片上即可。

106胡萝卜炒榨菜

|材料 ingredient|

胡萝卜……………………200克
榨菜……………………100克
肉丝……………………80克
蒜末……………………10克
葱末……………………10克
花生粉……………………适量
色拉油……………………3大匙

|调味料 seasoning|

水……………………50毫升
盐……………………1/4小匙
鸡粉……………………少许
香油……………………少许

|腌料 pickle|

酱油……………………少许
米酒……………………1/2小匙
淀粉……………………少许

|做法 recipe|

1. 胡萝卜去皮切丝；榨菜切丝，备用。
2. 肉丝加入所有腌料腌制约10分钟备用。
3. 热锅，倒入3大匙油，放入肉丝炒至变白取出备用。
4. 锅中加入蒜末、葱末爆香，再加入胡萝卜丝炒至微软。
5. 加入榨菜丝、所有调味料及腌制好的肉丝炒匀，再撒入花生粉即可。

Tips料理小秘诀

如果讨厌胡萝卜特殊的味道，可以先将其在沸水中汆烫过再炒，可以减少味道。不过由于这道菜要与榨菜丝一起炒，榨菜本身口感较脆，而汆烫过的胡萝卜会比较软，二者口感上不搭。因此，也可以拌入花生粉利用花生香来减少胡萝卜的腥味。

107 虾皮炒萝卜

|材料 ingredient|

白萝卜500克、虾皮15克、蒜末10克、芹菜末10克、市售高汤150毫升

|调味料 seasoning|

盐1/4小匙、糖少许、白胡椒粉少许

|做法 recipe|

1. 白萝卜去皮切丝；虾皮洗净沥干，备用。
2. 热锅，倒入适量油，放入虾皮炒香后取出备用。
3. 锅中再加入适量的油，加入蒜末爆香，放入萝卜丝、芹菜末炒至微软。
4. 加入市售高汤，盖上锅盖焖煮5分钟，再加入炒好的虾皮及所有调味料炒匀即可。

Tips料理小秘诀

在市场上选购白萝卜时，应尽量挑选带有叶子及泥土的，且泥土略微潮湿表示刚采收没多久，非常新鲜。如果表面有细微的天然裂缝，那表示这白萝卜成熟得恰到好处，正好吃。

108 双色大根排

|材料 ingredient|

白萝卜300克、胡萝卜100克、西蓝花适量、奶油20克、橄榄油少许

|调味料 seasoning|

蚝油风味酱2大匙、盐少许

|做法 recipe|

1. 白萝卜、胡萝卜去皮，切成厚圆片，放入沸水中煮至软，捞起沥干备用。
2. 西蓝花放入加了盐的沸水中烫熟，捞起沥干，加入少许盐及橄榄油拌匀，备用。
3. 热锅，加入奶油烧至融化，放入煮熟的白萝卜、胡萝卜片煎至上色。
4. 加入蚝油风味酱炒匀，盛盘，加上焯烫过的西蓝花即可。

蚝油风味酱

材料：

蚝油20克、酱油25毫升、米酒25毫升、香油6毫升、细砂糖10克

做法：

将所有材料混合均匀至细砂糖溶解即可。

109青椒炒干丝

|材料 ingredient|

豆干丝150克、青辣椒丝160克、黄椒丝30克、胡萝卜丝30克、蒜末10克、热水50毫升、色拉油1大匙

|调味料 seasoning|

盐1/4小匙、糖少许、鸡粉少许、胡椒粉少许、生抽少许

|做法 recipe|

1. 豆干丝洗净切段备用。
2. 热锅，放入1大匙油，爆香蒜末，再放入胡萝卜丝、豆干丝以中火炒一下。
3. 加入青辣椒丝、黄椒丝、热水、所有调味料，快炒入味即可。

110 辣炒脆土豆

|材料 ingredient|

土豆100克、干辣椒10克、青辣椒5克、色拉油适量

|调味料 seasoning|

盐1小匙、糖1/2小匙、鸡粉1/2小匙、白醋1小匙、黑胡椒粉适量、花椒2克

|做法 recipe|

1. 土豆去皮切丝；青辣椒洗净去籽切丝，备用。
2. 热锅，倒入适量油，放入花椒爆香后，捞除花椒，再放入干辣椒炒香。
3. 放入土豆丝、青椒丝炒匀，加入所有调味料炒匀即可。

Tips料理小秘诀

这道菜就是要吃土豆的脆度，因此土豆千万别炒太久，以免吃起来口感太过绵软。

111 泡菜炒肉片

| 材料 ingredient |

瘦肉片200克、韩式泡菜80克、小黄瓜1条、姜泥1/2小匙、蒜泥1/4小匙、色拉油2大匙、水淀粉1/2小匙

| 腌料 pickle |

盐1/2小匙、酒1/2小匙、胡椒粉少许、香油少许、水淀粉1小匙

| 调味料 seasoning |

酱油1小匙、糖1/2小匙

| 做法 recipe |

1. 将瘦肉片加入所有腌料中腌制约15分钟，备用。
2. 泡菜切段，沥干水分；小黄瓜洗净切块，备用。
3. 热锅后加入色拉油，放入腌制的瘦肉片，炒至肉色变白后盛出，备用。
4. 锅中留少许底油放入姜泥、蒜泥略炒，再放入小黄瓜与泡菜以小火快炒约1分钟，继续加入炒过备用的瘦肉片及所有调味料炒约3分钟，最后以水淀粉勾芡即可。

112 味噌土豆

| 材料 ingredient |

土豆……300克
牛奶……150毫升
青辣椒……2个
橄榄油……适量

| 调味料 seasoning |

味噌……60克
细砂糖……40克
米酒……50毫升
酱油……18毫升
韩式辣椒酱……18克

| 做法 recipe |

1. 土豆去皮切成约1厘米厚的圆片，备用。
2. 热锅，倒入适量橄榄油，放入青辣椒过油炒一下，捞起沥油备用。
3. 锅中放入切好的土豆片煎至两面上色。
4. 倒入牛奶以小火煮至土豆约八分熟，再加入混合煮匀的调味料炒匀盛盘，放上已炒熟的青辣椒作装饰即可。

113 热炒生菜

| 材料 ingredient |

生菜200克、葱2根、蒜仁2瓣、红辣椒1个、色拉油适量

| 调味料 seasoning |

肉酱罐头80克、盐少许、胡椒粉少许、糖1小匙

| 做法 recipe |

1. 生菜洗净，一片片剥下来，撕成大块备用。
2. 红辣椒、蒜仁都洗净切片；葱洗净切段，备用。
3. 热锅，倒入适量色拉油，以中火爆香辣椒片、蒜片、葱段，再加入所有调味料一起炒香，最后加入生菜略翻匀，加盖焖约30秒即可。

Tips料理小秘诀

生菜一般以生吃或做装饰为主，不过热炒后其口感既脆又好吃。将生菜用手去撕成大块状后，放入加了1小匙盐的冰水中浸泡，快炒时焖30秒就起锅，这样炒出来的口感很不错。

114 鲍鱼菇蚝油炒圆生菜

| 材料 ingredient |

鲍鱼菇……100克
圆生菜……250克
姜……10克
橄榄油……1小匙

| 调味料 seasoning |

素蚝油……1小匙
水……1/2杯
糖……1/2小匙
盐……1/2小匙

| 做法 recipe |

1. 鲍鱼菇洗净切片；圆生菜洗净切块；姜洗净切片。
2. 取一不粘锅，加入橄榄油后，爆香姜片。
3. 放入鲍鱼菇片炒熟后，接着放入圆生菜及调味料拌匀即可。

115 清炒双鲜

| 材料 ingredient |

真空包竹笋……………250克
草菇………………………8朵
蒜片……………………20克
胡萝卜片………………20克
葱段………………………2根
姜片………………………5克
色拉油……………………少量

| 调味料 seasoning |

蚝油……………………2大匙
糖………………………1小匙
白胡椒粉…………………适量
香油……………………1小匙

| 做法 recipe |

1. 草菇洗净，真空包竹笋切片，放入沸水中略汆烫后，捞起沥干备用。
2. 起锅，加入少许油烧热，放入笋片、其余的材料和所有的调味料（香油先不加入）以中火翻炒。
3. 加入香油一起翻炒均匀即可。

116 法式炒蘑菇

| 材料 ingredient |

鲜蘑菇…………………160克
蒜仁………………………2瓣
红葱头……………………2颗
小豆苗……………………少许
橄榄油…………………20毫升

| 调味料 seasoning |

欧芹末……………………5克
盐…………………………适量
白胡椒粉…………………适量

| 做法 recipe |

1. 鲜蘑菇洗净切小块；蒜仁、红葱头拍碎，备用。
2. 热锅，加入20毫升橄榄油、蒜仁、红葱头碎炒香。
3. 加入切好的蘑菇块、盐、白胡椒粉拌匀，最后离火加入欧芹末拌匀，盛盘并以小豆苗装饰即可。

117 海苔香煎鲍菇

| 材料 ingredient |

杏鲍菇 ……………………100克

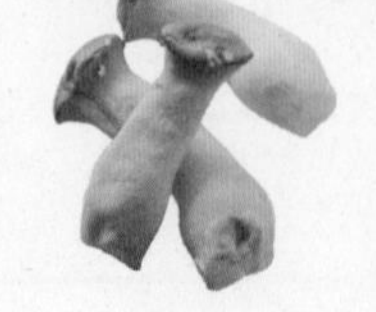

| 调味料 seasoning |

青海苔粉…………………1大匙
橄榄油 ………………… 1/2大匙
日式七味粉 ………… 1/4小匙

| 做法 recipe |

1. 杏鲍菇快速洗净，沥干水分后切片，均匀撒上所有调味料备用。
2. 平底锅倒入适量油烧热，放入杏鲍菇片以中火煎至熟透且外表呈金黄色即可。

118 素菇蔬菜烩陈醋酱

| 材料 ingredient |

干香菇10朵、莲藕150克、胡萝卜150克、姜片15克

| 腌料 pickle |

酱油1小匙、糖1/2小匙、白胡椒粉1/2小匙

| 调味料 seasoning |

泡香菇水4大匙、陈醋2大匙、糖1.5大匙、水淀粉1大匙

| 做法 recipe |

1. 干香菇洗净去蒂头泡水软化挤干；胡萝卜洗净去皮切块；莲藕洗净切块备用。
2. 取一碗，将腌料全部材料拌匀，加入香菇腌10分钟，再裹淀粉（材料外）备用。
3. 取一炒锅，放入适量色拉油（材料外），待油热放入香菇，炸至呈金黄色后捞起沥油备用。
4. 继续放入胡萝卜块、莲藕块炸熟捞起沥油备用。
5. 将油锅的油倒出，留少许底油，爆香姜片，放入所有调味料煮沸。
6. 将炸香菇、胡萝卜块和莲藕块，倒入煮熟的调味料锅内拌匀即可。

119 山药炒秋葵

| 材料 ingredient |

山药200克、秋葵120克、葱1根、蒜仁2瓣、红辣椒片少许

| 调味料 seasoning |

西式香料1小匙、盐少许、胡椒粉少许

| 做法 recipe |

1. 山药去皮后，切滚刀块，放入油温约180℃的油锅中炸成金黄色，备用。
2. 将秋葵、蒜仁洗净切片；葱洗净切葱花备用。
3. 起一个炒锅，倒入适量色拉油，将蒜片以中火爆香，再加入炸好的山药块一起翻炒，最后加入秋葵、红辣椒片与所有的调味料炒香即可。

Tips料理小秘诀

山药切成滚刀状后，放入约180℃的油温中过油，炸约3分钟至上色后即可起锅，再与其他食材一起翻炒至入味，就可以吃到香浓绵软的美味了。

120 糖醋山药

| 材料 ingredient |

山药300克、四季豆5根、鸡胸肉150克、蒜末少许、姜末少许、红辣椒末少许、淀粉适量、色拉油适量

| 调味料 seasoning |

胡椒粉适量、盐适量、糖醋酱5大匙

| 做法 recipe |

1. 山药去皮切粗丁；四季豆洗净去粗筋后，放入加盐的沸水中汆烫至翠绿，过凉水备用。
2. 鸡胸肉洗净沥干，切成适当大小的块，以盐、胡椒粉、淀粉抓匀，再放入沸水中汆约烫约1分钟，捞起沥干备用。
3. 热锅，倒入适量油，加入山药丁，煎至各面均上色，捞起备用。
4. 锅中，放入姜末、蒜末、红辣椒末炒香，再加入鸡胸肉及糖醋酱拌炒至入味。
5. 加入焯熟的四季豆及炸好备用的山药丁拌炒一下即可。

糖醋酱

材料：
陈醋36毫升、白醋36毫升、番茄酱40克、细砂糖25克、酱油10毫升、水30毫升

做法：
将所有材料混合均匀，入锅煮至沸腾即可。

121 菠萝炒木耳

| 材料 ingredient |

新鲜菠萝片……………100克
黑木耳…………………150克
胡萝卜……………………30克
姜片………………………20克
色拉油……………………少许

| 调味料 seasoning |

盐…………………………1小匙
胡椒粉………………1/2小匙

| 做法 recipe |

1. 黑木耳和胡萝卜洗净切片，放入沸水中略汆烫，捞起备用。
2. 取锅，加入少许油，放入汆烫过的黑木耳片、胡萝卜片、新鲜菠萝片和调味料拌炒均匀即可。

Tips料理小秘诀

制作菠萝炒木耳时，建议选用新鲜菠萝片，不要直接用罐头菠萝片。因为新鲜菠萝片带有天然的酸甜口感，和软脆的木耳一同拌炒后滋味更佳。

122 绿咖喱炒什锦蔬菜

| 材料 ingredient |

鸡腿肉片50克、茄子200克、玉米笋10克、小黄瓜20克、西红柿20克、洋葱5克、大蒜末1/4小匙、香菜末1/4小匙、色拉油适量

| 腌料 pickle |

绿咖喱1小匙、淀粉1/2大匙、鸡蛋1/2个

| 调味料 seasoning |

椰糖1/2大匙、绿咖喱1大匙、料酒1大匙、水200毫升

| 做法 recipe |

1. 鸡腿肉片洗净沥干水分，放入大碗中加入所有腌料拌匀，腌制约20分钟，备用。
2. 将鸡腿肉片滤除多余腌汁，放入热油锅中以中火油炸约7分钟至熟，捞出沥干油脂，备用。
3. 茄子、玉米笋、小黄瓜洗净切片；西红柿洗净切块；洋葱去皮切丝，备用。
4. 热锅，倒入适量油烧热，放入洋葱丝和大蒜末以小火炒香，依序放入茄子片、玉米笋片、小黄瓜片、西红柿块、炸好的鸡腿肉片和所有调味料，以大火拌炒约1分钟，起锅前再撒上香菜末即可。

123 蚝油蒜香西芹

| 材料 ingredient |

西芹4棵、蒜仁2瓣、红辣椒1个、葱1根

| 调味料 seasoning |

蚝油2大匙、盐少许、胡椒粉少许、香油1小匙

| 做法 recipe |

1. 西芹去皮老丝，再切片泡水，备用。
2. 红辣椒、蒜仁洗净切片；葱洗净切丝，备用。
3. 起一炒锅，倒入适量色拉油，先将红辣椒片、蒜片先爆香，再加入泡水的西芹与所有的调味料一起加入炒香，起锅后用葱丝装饰即可。

Tips料理小秘诀

每次吃到西芹有老丝时总觉得扫兴，其实在炒前先将西芹的头尾对折，再慢慢撕开，老丝即可去除，接着再使用去皮刀除去剩余的皮即可，没有老丝的西芹吃起来特别顺口。

124 菱角烩香菇

| 材料 ingredient |

A 生菱角仁200克、里脊肉50克、草菇40克、蟹味菇40克、甜豆30克、红辣椒1个、蒜末少许、洋葱末少许、高汤200毫升

B 淀粉 1 大匙、水80毫升

| 调味料 seasoning |

A 鸡粉少许、盐1/4小匙、陈醋1小匙

B 香油少许

| 做法 recipe |

1. 生菱角仁洗净沥干水分，放入电锅内锅，外锅加1杯水（或放入蒸锅中，约蒸30分钟）蒸熟备用。
2. 里脊肉洗净切小片；红辣椒洗净切菱形片；材料B混合成水淀粉备用。
3. 草菇、蟹味菇、甜豆洗净以沸水汆烫一下，捞起泡冷水备用。
4. 钢锅中放入2大匙色拉油，开中火放入蒜末、洋葱末爆香，加入里脊肉片、红辣椒片略炒，倒入高汤煮沸后，再放入菱角仁。
5. 将草菇、蟹味菇、甜豆放入锅中炒一下，再加入调味料A拌炒。
6. 慢慢倒入水淀粉勾芡，再加上调味料B炒匀即可。

125香芹炒银鱼

| 材料 ingredient |

西芹……240克
银鱼……150克
姜……20克
红辣椒……1个
橄榄油……1小匙

| 调味料 seasoning |

米酒……1大匙
味啉……1/2小匙

| 做法 recipe |

1. 西芹洗净切长条；银鱼洗净沥干；姜和红辣椒洗净切末。
2. 取一不粘锅放油后，将银鱼、姜末、红辣椒末放入其中，以小火拌炒至干酥。
3. 加入西芹条略拌后，继续加入调味料炒至呈干松状态即可。

Tips料理小秘诀

银鱼含丰富钙质，且低热量、高蛋白，加上柔软易食，是老少皆宜食用的鱼类。市面上销售的银鱼多经过了加工，所以含有盐分，烹煮前要冲水去除一些盐分；也因此这道炒银鱼虽未添加盐，仍可以吃到咸味。这道菜很适合给偏食的孩子吃：不爱吃芹菜的小朋友，会因为有银鱼提鲜味开始举箸；不爱吃银鱼的小朋友，会因为有了爽脆的西芹增加口感而不知不觉地吃下银鱼。

126 肉末白果炒韭菜

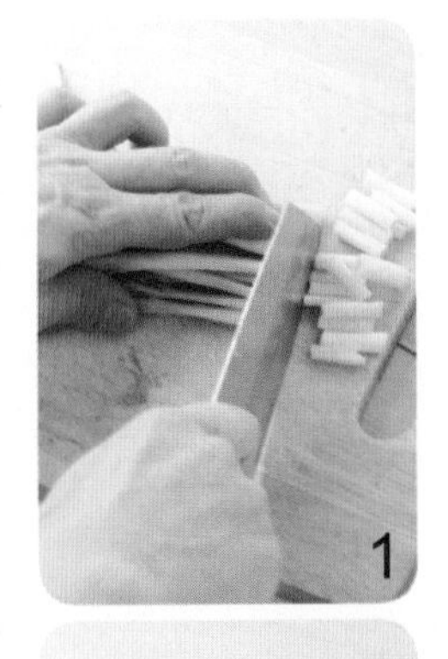

1

3

4

5

| 材料 ingredient |

韭菜……………………200克
白果……………………30克
蒜仁……………………2瓣
红辣椒…………………1/3个
肉末……………………120克

| 调味料 seasoning |

盐…………………………少许
白胡椒……………………少许
香油………………………1小匙

| 做法 recipe |

1. 先将韭菜头部较老部分切除，再切小段洗净备用（见图1）。
2. 白果使用温水泡软再沥干水分备用（见图2）。
3. 将蒜仁、红辣椒切片备用（见图3）。
4. 取一个炒锅，先加入一大匙色拉油（材料外）热锅，再加入肉末以中火爆香（见图4）。
5. 加入备好的白果、蒜片、红辣椒片与所有调味料拌炒，再加入韭菜段以大火翻炒均匀即可（见图5）。

Tips料理小秘诀

韭菜含有丰富的维生素C、磷、钙以及膳食纤维，而白果则含有多种氨基酸及维生素B_1、维生素B_2，以大火快炒或炖汤都是不错的烹调方式，但不适合炒太久，以免养分流失。值得注意的是，白果虽含有丰富营养，却有微毒，不宜生食或食用过多。

127 黑胡椒炒绿豆芽

| 材料 ingredient |

绿豆芽……………………200克
奶油………………………1大匙
蒜仁………………………2瓣

| 调味料 seasoning |

黑胡椒粉…………………1小匙
盐……………………… 1/2小匙

| 做法 recipe |

1. 绿豆菜洗净；蒜仁切片，备用。
2. 热锅，加入奶油，爆香蒜片，再放入绿豆芽翻炒均匀，最后加入盐、黑胡椒粉调味即可。

128 韭菜炒绿豆芽

| 材料 ingredient |

绿豆芽……………………150克
韭菜………………………10克
蒜末…………………………3克
洋葱丝……………………30克
色拉油……………………少量

| 调味料 seasoning |

盐…………………………少许
细砂糖……………………少许
黑胡椒粗粉………………少许

| 做法 recipe |

1. 将绿豆芽洗净，放入沸水中略汆烫后捞出；韭菜洗净切段备用。
2. 取锅烧热后倒入少量油，放入蒜末、洋葱丝爆香后，加入韭菜段和绿豆芽，再放入所有调味料拌炒均匀即可。

129 韭黄牛肉丝

| 材料 ingredient |

韭黄……………………400克
牛肉……………………150克
姜丝……………………15克
红辣椒丝………………15克
淀粉……………………适量
色拉油…………………适量

| 调味料 seasoning |

A 盐………………1/2小匙
糖………………1/4小匙
鸡粉……………1/2小匙
白胡椒粉………1/2小匙
米酒……………1大匙
B 水………………60毫升
香油……………适量
水淀粉…………适量

| 做法 recipe |

1. 韭黄洗净切段；牛肉洗净切丝并均匀裹上淀粉，备用。
2. 热锅，倒入适量色拉油，放入姜丝、红辣椒丝、裹上淀粉的牛肉丝爆香。
3. 锅中加入调味料B的水拌炒一下，再加入调味料A调味。
4. 加入备好的韭黄段炒匀，再以水淀粉勾薄芡并淋入香油即可。

130 绿豆芽炒嫩肝

| 材料 ingredient |

豆芽200克、猪肝200克、韭菜50克、地瓜粉2大匙、蒜仁1瓣、色拉油适量

| 腌料 pickle |

豆瓣酱1大匙、水1大匙、米酒1大匙、蒜泥1/2小匙

| 调味料 seasoning |

盐1小匙、细砂糖1/2小匙

| 做法 recipe |

1. 猪肝洗净、切片，加入所有腌料抓匀，静置约20分钟，再均匀地沾裹地瓜粉，备用。
2. 蒜仁切片；绿豆芽洗净、沥干；韭菜洗净、切段，备用。
3. 起一油锅，加入适量色拉油，加热至油温的160℃，放入裹地瓜粉的猪肝片以大火炸约2分钟至表面熟即捞起、沥油，备用。
4. 另起一炒锅，锅烧热后加入少许色拉油，爆香蒜片，加入绿芽菜、炸好的猪肝片翻炒，起锅前加入韭菜段及所有调味料炒匀即可。

131 双葱炒西红柿

| 材料 ingredient |

西红柿块……………… 200克
洋葱丝…………………… 30克
葱段……………………… 10克
色拉油…………………… 少量

| 调味料 seasoning |

盐……………………… 1/2小匙
糖……………………… 1/4小匙

| 做法 recipe |

1. 取锅，加入少许油烧热，先放入洋葱丝和葱段炒香。
2. 加入西红柿块和调味料略拌炒即可。

132 牛肉洋葱烧

| 材料 ingredient |

洋葱……………400克
嫩姜……………30克
奶油……………10克
牛薄片肉………150克

| 调味料 seasoning |

酱油……………30毫升
米酒……………30毫升
味啉……………30毫升
细砂糖…………15毫升

| 做法 recipe |

1. 洋葱去外皮薄膜、切块；嫩姜洗净切细丝，备用。
2. 取一炒锅，加热后，放入奶油烧至略融化，再放入洋葱块炒至软。
3. 锅中加入所有调味料，以中火煮沸，再加入牛薄片肉、切好的嫩姜丝，煮至牛肉熟即可。

Tips料理小秘诀

一般人切洋葱时最怕流眼泪了，其实掌握小秘诀就可以避免的！只要将洋葱对半切好，放入冷水中泡一下或放入微波炉中微波热30秒至1分钟，洋葱中会刺激眼睛的物质就会消失，这时就可以放心切了，不信可以马上试试看。

133娃娃菜炒魔芋

|材料 ingredient|

高山娃娃菜……………300克
三色魔芋……………………50克
葱………………………………1根
水…………………………500毫升
色拉油………………………适量

|调味料 seasoning|

盐……………………………1小匙
砂糖…………………………1/2小匙
高汤………………………100毫升

|做法 recipe|

1. 将高山娃娃菜洗净沥干，纵剖成四等份；葱洗净沥干，斜切段备用。
2. 取锅，倒入500毫升的水煮至滚沸，放入高山娃娃菜和三色魔芋煮约1分钟后，捞起沥干备用。
3. 取锅，加入适量油烧热后，放入切好的葱段爆香，再放入已煮过的高山娃娃菜、三色魔芋和调味料以中小火焖煮至汤汁略收即可。

134玉米滑蛋

|材料 ingredient|

玉米粒……………………150克
洋葱丁……………………40克
鸡蛋…………………………4个
蒜末………………………10克
葱末………………………10克
青豆仁……………………适量
玉米粉……………………少量

|调味料 seasoning|

盐…………………………1/4小匙
米酒………………………1小匙
鸡粉………………………少许
白胡椒粉…………………少许

|做法 recipe|

1. 鸡蛋打散成蛋液，加入玉米粉、米酒拌匀备用。
2. 热锅，倒入适量油（材料外），放入蒜末、葱末、洋葱丁爆香，加入玉米粒炒匀。
3. 加入青豆仁及其余调味料炒一下，再加入打好的蛋液拌匀即可。

Tips料理小秘诀

如果喜欢吃鲜嫩一点的蛋，可以缩短拌炒的时间，让蛋液在半熟的状态就熄火盛盘，这样其口感就比较鲜嫩。

135 玉米笋炒百菇

| 材料 ingredient |

玉米笋……100克
鲜香菇……50克
蟹味菇……40克
秀珍菇……40克
荷兰豆……40克
胡萝卜……20克
蒜片……10克
色拉油……适量

| 调味料 seasoning |

盐……1/4小匙
米酒……1小匙
鸡粉……少许
香油……少许

| 做法 recipe |

1. 玉米笋洗净切段后放入沸水中汆烫一下；鲜香菇洗净切片；蟹味菇洗净去蒂头，荷兰豆洗净去头尾及两侧粗丝；胡萝卜去皮切片，备用。
2. 热锅，倒入适量油，放入蒜片爆香，加入所有菇类与胡萝卜片炒匀。
3. 加入荷兰豆及玉米笋炒匀，放入所有调味料炒至入味即可。

136 玉米烩娃娃菜

| 材料 ingredient |

玉米粒……150克
娃娃菜……200克
蟹味菇……适量
红甜椒丁……适量
淀粉……适量
水……150毫升
蒜末……10克
色拉油……少量

| 调味料 seasoning |

盐……1/4小匙
蚝油……少许
鸡粉……少许
乌醋……少许
香油……少许

| 做法 recipe |

1. 娃娃菜洗净，放入沸水中汆烫至熟，取出沥干盛盘备用。
2. 热锅，倒入适量油，放入蒜末爆香，再加入玉米粒拌炒约2分钟。
3. 加入蟹味菇、红甜椒丁及水炒匀，再加入所有调味料煮至入味，以水淀粉勾芡。
4. 将芡汁淋在的娃娃菜上即可。

137 香炒素鸡米

| 材料 ingredient |

面肠……150克
胡萝卜……150克
玉米粒……150克
鲜香菇……3朵
青豆仁……150克
姜……5克
葵花籽油……2大匙

| 调味料 seasoning |

盐……1/2小匙
细砂糖……少许
香菇粉……少许
胡椒粉……少许

| 做法 recipe |

1. 面肠、胡萝卜、鲜香菇洗净切丁；姜洗净切末。
2. 将胡萝卜丁、玉米粒、青豆仁放入沸水中快速汆烫，捞出沥干水分，备用。
3. 热锅倒入葵花籽油，爆香姜末，放入鲜香菇丁、面肠丁炒香。
4. 锅中放入汆烫过的胡萝卜丁、玉米粒、青豆仁拌匀，再加入所有调味料炒至入味即可。

138 玉米笋炒千页豆腐

| 材料 ingredient |

玉米笋150克、千页豆腐120克、小黄瓜50克、葱段10克、蒜末10克、圣女果30克、鲜木耳25克

| 调味料 seasoning |

盐1/4小匙、鸡粉少许、香油少许、白胡椒粉少许

| 做法 recipe |

1. 玉米笋洗净切段，放入沸水中汆烫一下；鲜木耳洗净切小片；圣女果洗净对切；小黄瓜洗净切小块；千页豆腐切三角片，备用。
2. 热锅，倒入适量油，放入蒜末、葱段爆香，加入切好的玉米笋、鲜木耳、小黄瓜拌炒均匀。
3. 加入千页豆腐、圣女果炒匀，再加入所有调味料拌炒入味即可。

Tips料理小秘诀

玉米笋在拌炒前先用沸水汆烫过，口感会更清脆，其本身带有的青涩味也会消失，变成鲜甜的风味。

139 沙嗲酱炒碧玉笋

| 材料 ingredient |

碧玉笋200克、红甜椒5克、黄甜椒5克、蒜片10克、色拉油适量

| 调味料 seasoning |

沙嗲酱2大匙、鱼露1/2大匙、椰糖1/4大匙、料酒1大匙

| 做法 recipe |

1. 碧玉笋洗净切长段，放入热油锅中略炸至变色，立即捞出沥干油分备用。
2. 红甜椒、黄甜椒洗净，去蒂及籽后切片备用。
3. 热锅倒入适量油烧热，放入大蒜片小火炒出香味，再加入红、黄甜椒与所有调味料大火炒匀，最后加入炸过的碧玉笋续炒至均匀即可。

炖卤蔬菜篇

炖卤蔬菜料理

方便好学的经典美味

如果你既担心厨房中的油烟，
又不想烹调的方式过于复杂和麻烦，
那你不妨试试炖卤
不用花过多力气就能烹调出的下饭美味。

将蔬菜全都清洗处理完成后，
直接放入锅中炖卤，
还有什么烹调方式比这更简单的呢？

炖卤蔬菜必知二三事

叶菜类的蔬菜通常不耐久煮，不适合卤，选择瓜类、根茎类等耐长时间炖煮的蔬菜才是让卤蔬菜好吃的第一步，且其在烹煮过程汁液不容易流失，拿来作为卤蔬菜的食材再适合不过了。要做出好吃的卤蔬菜，蔬菜的挑选及烹调技巧，则是最重要且必学的知识。

桂竹

挑选诀窍

购买时，可用指甲掐一掐桂竹，就可知道脆度是否好。

烹煮诀窍

桂竹放置久了容易老，一般市面上出售的桂竹都是事先腌过，烹煮之前要用沸水氽烫，以去除酸味，煮到闻不到酸味时就可以拿来卤。

大白菜

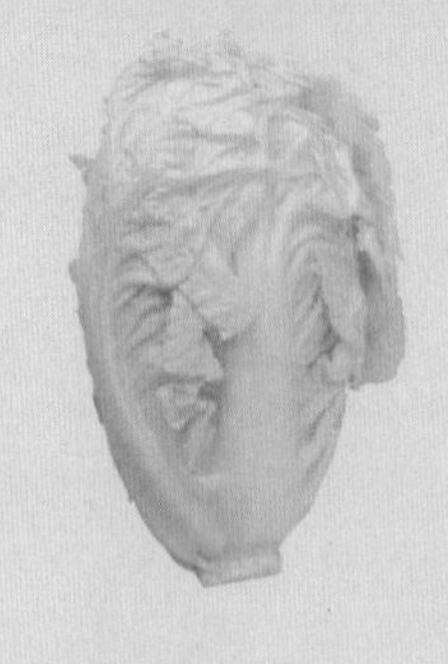

挑选诀窍

选购时要挑表皮叶片颜色白、外观没有烂的；若颜色是绿色，表示纤维较粗，吃起来口感较差。

烹煮诀窍

做白菜卤要选球状的白菜，而长形的白菜煮久会有酸味，比较适合用来炒或做成韩国泡菜。

芥菜

挑选诀窍

芥菜的叶子很老，一般都会除去，只吃菜心的部分。挑选时以心愈紧密愈佳，菜心的肉愈厚愈好，表示含水量丰富。

笋丝

烹煮诀窍

笋丝大部分都是事先腌过，烹煮之前要先用水泡30分钟，再用沸水煮过以去除酸味。另外，属于干货的笋干也常被用来卤，记得烹煮之前要用清水浸泡一夜，让笋干充分吸水还原，之后再氽烫，才可以用来卤。

大黄瓜

挑选诀窍

选购时要注意，以大黄瓜外皮没有虫蛀，且颜色越深越新鲜；颜色越淡则越老。

苦瓜

挑选诀窍

苦瓜不用挑选太熟的，可用手指压一下苦瓜表皮，显示结实、硬，表示比较新鲜；若是一压就凹陷，则是内部过熟，不要挑选。

烹煮诀窍

如果想去除苦味，可先将苦瓜籽及内部薄膜去除，在卤之前用沸水氽烫过，就可以料理了。

白萝卜

挑选诀窍

拿起来沉重，用手指敲起来有饱实的声音，且表皮完整没有烂者为佳。

烹煮诀窍

1.先把硬皮削掉，再用沸水氽烫以去除臭腥味。2.白萝卜含水量高，一定要切大块才不会被煮化，而且吃起来口感较佳，卤好后要盖锅焖上10分钟以便回吸汤汁，让每口咬起来带有汤汁，口味更佳。

冬瓜

挑选诀窍

一般市场上的冬瓜都是切开来贩卖，可压一下内部的果肉，不会凹陷则表示含水量够，烹调后口感脆又好吃。另外，还可拿起来看冬瓜是否扎实、沉重，越扎实沉重越好，这也是一重要的判别方式。

炖卤蔬菜的美味秘诀

＊秘诀1＊
冷水时下锅

炖卤蔬菜不像烫蔬菜一样必须等水大沸才能放入，而是在水还没沸之前就可以先将蔬菜下锅，然后加入所有调味料慢慢炖卤，才煮得出香味扑鼻的美味蔬菜。

＊秘诀2＊
调味勿太重

炖蔬菜和卤蔬菜不同，有时也会选择清炖，炖的目的除了要让蔬菜入味外，也要让蔬菜清甜软嫩，所以调味若太重，不仅炖出来的蔬菜会过咸，色泽也会不美。

＊秘诀3＊
以中小火慢慢炖煮

要炖卤出一锅好吃的蔬菜，需以中小火慢煮，因为若是以大火煮，会容易使水分快速蒸发，蔬菜和配菜还没入味就变得又硬又干。只有以中小火慢炖，使香味渗透，炖煮出来的蔬菜才会又香又入味。

＊秘诀4＊
边煮边捞杂质

在炖煮的过程中，若有加入肉类或其他材料，容易出现浮沫和杂质。记得要边煮边捞杂质，如此才不会让肉的腥味及杂质影响整锅炖蔬菜的风味。

＊秘诀5＊
起锅前加香油

如果只是单纯炖蔬菜没有加任何肉类，在起锅前可以淋上些许香油，如此既可以提味，还可以让整锅蔬菜更香外，因为要炖出一锅好吃的蔬菜，也要加入适量的油脂才会美味。

140 蛋酥卤白菜

| 材料 ingredient |

大白菜……400克
黑木耳……30克
胡萝卜……20克
鸡蛋……2个
蒜末……少许
葱段……15克
肉丝……80克
高汤……400毫升
色拉油……适量

| 腌料 pickle |

盐……少许
淀粉……少许
米酒……少许

| 调味料 seasoning |

盐……1/2小匙
糖……1/2匙
鸡粉……少许
乌醋……少许
胡椒粉……少许
酱油……少许

| 做法 recipe |

1. 大白菜、黑木耳、胡萝卜洗净后切片；将鸡蛋打入碗中打散成蛋液备用；肉丝加入腌料拌匀并腌5分钟。
2. 热锅，加入适量色拉油，倒入打散的蛋液，以中火炸酥，制成蛋酥捞出沥油备用。
3. 将锅洗净，加入2大匙色拉油，先将蒜末、葱段爆香，再放入腌制的肉丝和大白菜片、黑木耳片、胡萝卜片拌炒后，继续加入高汤煮沸，最后放入蛋酥和调味料，混合搅拌煮至入味即可。

141 白菜卤

| 材料 ingredient |

大白菜600克、香菇3朵、干猪皮（爆皮）30克、虾皮15克、葱1根、蒜仁5瓣、高汤500毫升、色拉油适量

| 调味料 seasoning |

糖1/4小匙、盐1小匙、鸡粉1/2小匙、陈醋1/2大匙

| 做法 recipe |

1. 大白菜去头后将外叶剥下，洗净切大片，放入沸水中汆烫、捞出备用。
2. 香菇洗净泡软、切丝；葱洗净切段备用。
3. 干猪皮泡软、切片后放入沸水中汆烫约3分钟捞出备用。
4. 热锅，加入2大匙油烧热，放入蒜仁和葱段一起爆香，再加入虾皮、香菇丝炒香。
5. 锅内加入备好的白菜片和猪皮片一同炒匀，再倒入高汤和所有调味料一起煮沸后盖上锅盖，转小火卤约20分钟至入味即可。

142 扁鱼卤大白菜

| 材料 ingredient |

大白菜250克、姜10克、扁鱼干5片、色拉油150毫升

| 调味料 seasoning |

A 水400毫升、盐1/4小匙、鸡粉1/4小匙、细砂糖1/4小匙、白胡椒粉1/4小匙
B 香油1大匙

| 做法 recipe |

1. 大白菜对剖后去掉中心部分，放入沸水中汆烫约20秒后，捞起沥干；姜切丝备用。
2. 热一锅油，烧热，放入扁鱼干以小火炸至焦黄后，捞起沥油再剁碎备用。
3. 另热一锅，放入大白菜到锅中略炒，再加入炸好的扁鱼碎、姜丝及调味料A一起以大火煮沸，再改中火继续煮约10分钟直到白菜软烂，起锅前滴入香油即可。

143卤白菜卷

| 材料 ingredient |

大白菜……………150克
肉末………………100克
卤包卤汁……………适量
蒜仁…………………2瓣
红辣椒………………1个
干瓢…………………3条

| 调味料 seasoning |

蛋清…………………适量
水淀粉………………少许

| 做法 recipe |

1. 将大白菜剥成片后洗净沥干，再用菜刀将大白菜中心的硬骨轻轻切除。
2. 取一汤锅，加入适量水煮沸，再将大白菜放入沸水中汆烫，捞起备用。
3. 将蒜仁、红辣椒洗净沥干，切成碎末备用。
4. 取一个容器，将肉末与蒜末、红辣椒末一起加入，并搅拌均匀。
5. 将搅拌均匀的肉末铺在汆烫好的白菜叶里，再轻轻地卷起来，以干瓢绑住白菜卷。
6. 取一锅，先将卷好的白菜卷放入锅中，再倒入适量的卤包卤汁，以中小火卤约20分钟。
7. 将白菜卷盛入盘中，另取一锅，以调味料的材料勾薄芡，淋于白菜卷上即可。

卤包卤汁

材料：
卤味包1包、 酱油1大匙

调味料：
盐少许、白胡椒粉少许、香油少许 、淀粉少许、水500毫升

做法：
取一汤锅，加入所有材料和调味料，以中小火煮约20分钟即可。

144 椰浆卤茭白

| 材料 ingredient |

茭白150克、蒜仁2瓣、红辣椒1/3个、姜50克

| 调味料 seasoning |

椰浆250毫升、水250毫升、盐少许、黑胡椒粉少许、香叶1片

| 做法 recipe |

1. 将茭白去老壳，切滚刀块备用。
2. 将蒜仁、红辣椒、姜洗净，皆切片备用。
3. 取一个汤锅，先加入处理好的所有食材，再加入所有调味料。
4. 以中火卤约20分钟至软即可。

145 红曲鸡炖圆白菜

| 材料 ingredient |

鸡腿1只、圆白菜250克、姜10克、葱1根

| 调味料 seasoning |

红曲酱2大匙、米酒1大匙、糖1大匙、酱油1大匙、香油1小匙、盐少许、白胡椒粉少许、水800毫升

| 做法 recipe |

1. 将鸡腿洗净切成小块，放入沸水中汆烫，再捞起备用。
2. 将圆白菜切成大块；姜洗净切片；葱洗净切成段备用。
3. 取一个汤锅，加入鸡腿块、圆白菜块、姜片、葱段及所有的调味料。
4. 以中小火慢炖15分钟即可。

146 豆皮卤圆白菜

| 材料 ingredient |

圆白菜……500克
豆腐皮……80克
蒜仁……5瓣
色拉油……4大匙

| 调味料 seasoning |

水……400毫升
盐……1/2小匙
鸡精粉……1/4小匙
细砂糖……1/4小匙

| 做法 recipe |

1. 圆白菜切大块洗净沥干；豆腐皮用水泡约5分钟至软后沥干；蒜仁切片备用。
2. 热锅倒入色拉油，先放蒜片以小火爆香，再放圆白菜块、豆腐皮及所有调味料以中大火煮开，再改小火焖煮约10分钟即可。

147 圆白菜福包

| 材料 ingredient |

圆白菜……………1000克
金针菇……………………1包
胡萝卜…………………适量
竹笋……………………适量
木耳……………………适量
香菇……………………适量
肉丝……………………适量
干瓢……………………适量

| 调味料 seasoning |

鸡粉…………………1小匙
盐………………………适量
酱油………………… 2大匙
水……………… 500毫升
糖………………………少许

| 做法 recipe |

1. 圆白菜去心，放入沸水中烫软，捞出泡冷水(见图1~2)。
2. 其他材料全部切丝(干瓢不用)，混合均匀备用。
3. 将圆白菜一片片剥下，剪成圆形，拭干水分(见图3)。
4. 取圆白菜一片，包入适量做法2的材料，用干瓢绑好开口即为福包，重复上述步骤至所有材料用完(见图4~5)。
5. 锅内放入所有调味料煮沸，再加入福包，煮约20分钟至入味即可。

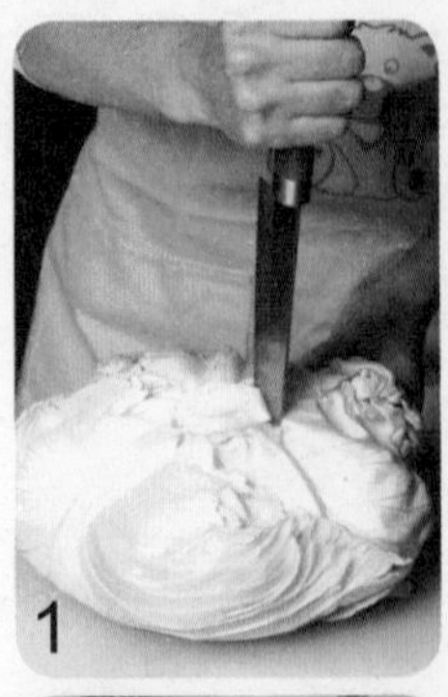
1

2

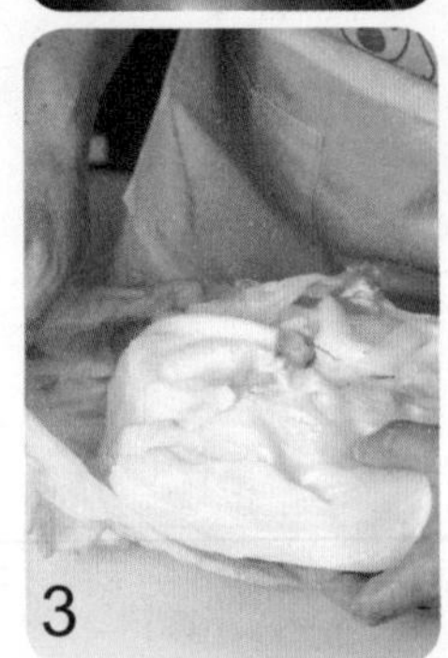
3

4

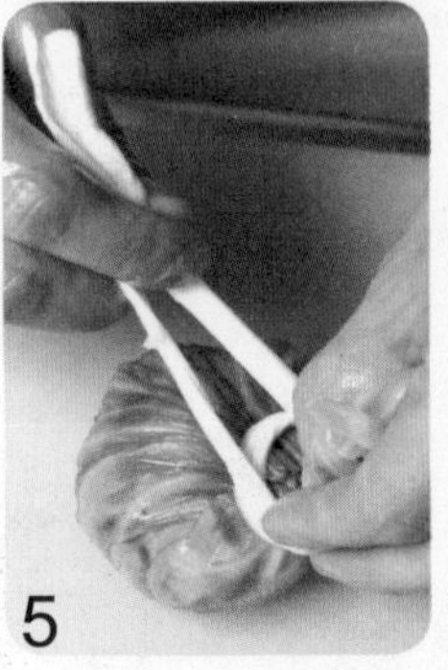
5

148 五花肉卤圆白菜干

| 材料 ingredient |

圆白菜干……………………100克
五花肉……………………100克
姜………………………… 30克
蒜仁……………………… 40克
色拉油…………………… 2大匙

| 调味料 seasoning |

酱油……………………3.5大匙
鸡精粉……………………1小匙
细砂糖……………………1小匙
水……………………600毫升

| 做法 recipe |

1. 圆白菜干放入冷水中泡约30分钟后，捞出换水洗净，沥干备用。
2. 五花肉洗净切小块；姜、蒜仁洗净切碎末备用。
3. 热锅倒色拉油，先放姜末、蒜末以小火爆香，再放入五花肉块炒至肉变白后，加入所有调味料及圆白菜干，以大火煮沸后改小火煮约30分钟，关火后再焖煮约20分钟，再加点红辣椒片（分量外）作装饰即可。

149 梅干菜炖苦瓜

| 材料 ingredient |

苦瓜……………………… 300克
梅干菜…………………… 80克
蒜仁…………………………5瓣
色拉油…………………… 适量

| 调味料 seasoning |

水……………………400毫升
酱油……………………40毫升
糖…………………………15克

| 做法 recipe |

1. 苦瓜洗净沥干纵切成六等份后去籽。
2. 梅干菜洗净扭干后，切成约3厘米的长段备用。
3. 热锅，加入适量色拉油后，放入蒜仁以小火炸至上色后捞起备用。
4. 放入苦瓜片，将双面煎至上色，放入梅干菜段略拌炒后，再加入蒜仁和调味料，盖上锅盖，以中小火焖煮至苦瓜入味变软即可。

150酿苦瓜

| 材料 ingredient |

苦瓜400克、肉末150克、鸡蛋1个、淀粉适量、色拉油适量

| 调味料 seasoning |

A 盐少许、胡椒粉少许
B 水150毫升、鸡粉1/3小匙、糖1/2小匙、米酒1大匙

| 做法 recipe |

1. 苦瓜横切成1厘米厚的圈状，挖掉籽后，在内外抹上一层薄薄的淀粉备用。
2. 肉末加入调味料A充分拌匀至黏稠状备用。
3. 将调味的肉末，填入苦瓜片中，重复此做法至材料用完为止。
4. 热锅，加入适量色拉油后，放入镶肉的苦瓜圈煎至两面上色后，将调味料B混合拌匀加入，煮至汤汁入味略收即可。

151三杯苦瓜

| 材料 ingredient |

苦瓜500克、九层塔15克、香油2大匙、姜片4片、红辣椒1个、葱1/2根、蒜仁6颗

| 调味料 seasoning |

蔬菜用三杯酱2大匙（做法见P119）

| 做法 recipe |

1. 苦瓜切块，放入油温约180℃的油锅中，以大火炸至表面脱水（呈现皱皱的样子）；将蒜仁炸至金黄色，备用。
2. 将红辣椒洗净切段，备用。
3. 另热一锅，放入香油，加入姜片，炒至姜片卷曲，再放入红辣椒段、葱段、炸好的蒜仁和蔬菜用三杯酱，拌炒均匀。
4. 放入炸过的苦瓜块拌炒至汤汁快收干，再加入九层塔稍拌炒即可。

152红烧笋块

| 材料 ingredient |

麻竹笋600克、五花肉300克、三角油豆腐6块、蒜仁5瓣、干辣椒2个、四季豆适量

| 卤汁 marinated |

水600毫升、酱油90毫升、料酒50毫升、味啉30毫升、细砂糖30克

| 做法 recipe |

1. 五花肉切成3厘米厚的块，放入沸水中汆烫至变色，捞起沥干水分；麻竹笋煮熟去壳，切成适当大小的块；三角油豆腐放入沸水中汆烫约1分钟去除油渍；四季豆放入沸水中汆烫至熟，捞起泡冷水备用。
2. 热一锅，倒入适量色拉油，放入汆烫的五花肉块煎至两面均上色，加入笋块、油豆腐、蒜仁及干辣椒拌炒均匀。
3. 锅中再加入已混合均匀的卤汁，煮开后，转小火烧至入味后盛盘，放上备好的四季豆作装饰即可。

153桂竹覆菜卤肉

| 材料 ingredient |

桂竹笋500克、覆菜100克、肥猪肉80克、姜20克

| 调味料 seasoning |

水800毫升、盐1/2小匙、细砂糖1小匙

| 做法 recipe |

1. 桂竹笋切小块，放入沸水中煮约2分钟，再捞起用冷水洗净备用。
2. 覆菜洗净，沥干切小段；肥猪肉洗净切小块；姜洗净切片备用。
3. 热锅，以小火将肥猪肉块炒至出油，放入姜片以小火炒香，再将桂竹笋块、覆菜段及所有调味料放入锅中以大火煮开，最后改小火继续煮约30分钟至入味即可。

Tips料理小秘诀

竹笋较易去油刮胃，所以可以加一点肥猪肉一起炖卤，这样竹笋可以充分吸收油质，避免吃起来的口感涩涩的。

154覆菜卤笋丝

| 材料 ingredient |

笋丝……………………100克
覆菜……………………30克
姜………………………30克
红辣椒…………………2个

| 调味料 seasoning |

盐……………………1/4小匙
鸡精粉…………………1小匙
细砂糖…………………1小匙
酱油……………………1大匙
水………………………500毫升

| 做法 recipe |

1. 笋丝泡水约30分钟后，先放入沸水中煮约5分钟，捞出用冷水洗净，再沥干切小段备用。
2. 覆菜洗净沥干切小块；姜、红辣椒洗净以刀背拍破备用。
3. 取一锅，于锅底放入姜、红辣椒，再依序放入备好的笋干段、覆菜块及所有调味料以大火煮至滚沸，再改小火继续煮约30分钟至入味即可。

155 笋块炖肉片

| 材料 ingredient |

麻竹笋300克、五花薄片肉100克、魔芋块200克、胡萝卜60克

| 酱汁 sauce |

水300毫升、酱油65毫升、米酒30毫升、味啉20毫升、细砂糖10克

| 做法 recipe |

1. 麻竹笋煮熟去壳，切成适当大小的滚刀块；胡萝卜去皮，切适当大小的滚刀块，备用。
2. 魔芋块放入沸水中汆烫约3分钟捞起，撕成适当大小的块备用。
3. 酱汁放入锅中煮均匀备用。
4. 热一锅，倒入适量色拉油，放入五花薄片肉拌炒均匀，加入所有食材拌炒均匀，再加入酱汁炖煮至材料入味即可。

156 笋香咖喱

| 材料 ingredient |

麻竹笋400克、胡萝卜100克、鸡腿300克、蒜仁2瓣、姜1小段、奶油30克

| 调味料 seasoning |

水700毫升、鸡粉3克、咖喱块3小块

| 做法 recipe |

1. 麻竹笋煮熟去壳，切适当大小的块；鸡腿洗净切适当大小的块；胡萝卜去皮切块；蒜仁、姜洗净切末，备用。
2. 热一锅，放入奶油融化后，放入姜、蒜末炒香，再依序放入鸡腿块、笋块、胡萝卜块拌炒均匀。
3. 加入水、鸡粉煮至滚沸，转中小火继续煮约15分钟，再加入咖喱块搅拌均匀即可。

157 三杯笋块

| 材料 ingredient |

麻竹笋300克、杏鲍菇100克、鸡腿200克、蒜仁10瓣、姜30克、红辣椒1个、九层塔适量、香油50毫升

| 调味料 seasoning |

水150毫升、蚝油35毫升、米酒30毫升、糖10克、沙茶酱15克、辣椒酱15克

| 做法 recipe |

1. 麻竹笋煮熟去壳，切适当大小的滚刀块；鸡腿洗净，切适当大小的块；杏鲍菇洗净切块，备用。
2. 将所有调味料混合拌匀；姜洗净切片；红辣椒洗净切小圆段，备用。
3. 热一锅，放入香油烧热，将姜片、蒜仁入锅中炒至上色后，加入做法1的材料充分拌炒，再加入调味料、红辣椒段，拌炒至入味且汤汁略收。
4. 起锅前加入九层塔略炒一下即可。

158 乳汁焖笋

| 材料 ingredient |

竹笋……………………300克
色拉油……………………少量

| 调味料 seasoning |

A 砂糖……………………1大匙
水……………………400毫升
B 水淀粉……………………1小匙
香油……………………1小匙

| 做法 recipe |

1. 竹笋洗净切长块，再切十字花刀，放入沸水中略汆烫后，捞起沥干。
2. 取锅，加入少许油，加入竹笋块和调味料焖煮至汤汁略收，加入水淀粉勾薄芡，淋入香油即可。

Tips料理小秘诀

竹笋切块后，再切十字花刀，在入锅焖煮时，可让竹笋更容易入味，吃的时候口感也更佳。

159 酱卤笋干

| 材料 ingredient |

笋干300克、色拉油30毫升

| 酱汁 sauce |

A 水300毫升、香菇素蚝油90毫升、米酒45毫升、味啉30毫升、砂糖25克、麦芽糖10克
B 香油15毫升

| 做法 recipe |

1. 酱汁A混合煮沸熄火备用。
2. 笋干取中间段（不要前端的笋茸），以清水浸泡，一直换水至其还原后，撕成条状，再在清水中浸泡半天捞起沥干，最后放入沸水中汆烫一下，捞起沥干备用。
3. 热一锅，倒入色拉油，将笋干放入锅中炒除水分，加入酱汁A，以小火拌炒均匀至汤汁收干入味。
4. 起锅前淋入香油拌炒均匀即可。

160清煮鲜笋

| 材料 ingredient |

绿竹笋（已煮熟）400克、海带芽5克、甜豆6支、干海带1小片

| 酱汁 sauce |

A 水400毫升、米酒25毫升、味啉10毫升、生抽6毫升、盐2克

B 柴鱼素2克

| 做法 recipe |

1. 绿竹笋去壳，从中对切，再各切成三等份的块状；甜豆放入沸水中加少许盐（分量外）氽烫至呈翠绿色，取出豆仁，捞起浸泡在冷水中；海带芽在清水中浸泡至膨胀后，捞起沥干备用。
2. 将酱汁A混合煮至滚沸，加入酱汁B即可熄火。
3. 将笋块放入酱汁中，加入海带煮至沸腾后将海带捞除，转中小火续煮约10分钟。
4. 取适量做法3的酱汁，浸泡海带芽。
5. 将笋块盛盘，加入海带芽与甜豆仁并淋上适量的酱汁即可。

161萝卜炖肉

| 材料 ingredient |

白萝卜50克、五花肉150克、红辣椒1/2个、姜10克、葱1根、葱丝少许、色拉油适量

| 调味料 seasoning |

酱油1大匙、鸡粉1/2小匙、糖1/2小匙、水300毫升

| 做法 recipe |

1. 白萝卜去皮切大块；五花肉洗净切大块；红辣椒洗净切片；姜洗净切片；葱洗净切段，备用。
2. 热锅，倒入适量油，放入红辣椒片、姜片、葱段爆香，再加入五花肉块炒至颜色变白。
3. 加入白萝卜块、所有调味料煮沸后转小火煮约20分钟盛起，再放入葱丝（分量外）作装饰即可。

Tips料理小秘诀

除了以小火炖煮外，也可以在所有材料煮沸后倒入电锅内锅，外锅加一杯水，煮至开关跳起，这样不但省事也很省钱。另外，如果是非当季的萝卜怕有苦味，可以在炖煮时加入一小撮大米一起炖，会让萝卜变鲜甜。

162芋头烧鸡

| 材料 ingredient |

芋头……………………400克
去骨鸡腿………………300克
蒜仁……………………5颗

| 腌料 pickle |

米酒……………………2大匙
盐………………………1/4小匙
淀粉……………………1/2小匙

| 调味料 seasoning |

酱油……………………2大匙
细砂糖…………………1/2大匙
水………………………480毫升

| 做法 recipe |

1. 芋头去皮、切块；鸡腿切块，加入所有腌料材料抓匀腌约15分钟，备用。
2. 取一锅，加入2杯色拉油（分量外），热至油温约180℃，加入蒜仁、芋头块炸至外表呈金黄色时捞起沥油，再放入鸡腿块炸至外表呈金黄色捞起沥油，备用。
3. 原锅将油倒出，加入炸好的蒜仁、芋头块及鸡腿块及所有调味料一起烧至收汁即可。

Tips料理小秘诀

如果觉得炸芋头有点麻烦，可以在买材料的时候，选用市售火锅料的芋头块，已经炸过处理好，直接省略炸芋头的步骤，煮出来的芋头烧鸡一样好吃。

163 烩红白萝卜

| 材料 ingredient |

胡萝卜……100克
白萝卜……100克
小黄瓜……50克
鲜黑木耳……50克
水淀粉……1大匙

| 调味料 seasoning |

盐……1小匙
糖……1/2小匙
鸡粉……1/2小匙
水……300毫升

| 做法 recipe |

1. 胡萝卜、白萝卜去皮切块；鲜黑木耳、小黄瓜洗净切块，备用。
2. 热锅，加入所有调味料与所有材料煮沸，盖上锅盖焖煮15分钟。
3. 以水淀粉勾芡即可。

164 茄汁红白萝卜球

| 材料 ingredient |

白萝卜……300克
胡萝卜……150克

| 调味料 seasoning |

番茄酱……3大匙
砂糖……1大匙
水……200毫升

| 做法 recipe |

1. 白萝卜和胡萝卜用挖球器挖成圆球状，放入沸水中焖煮约25分钟至软备用。
2. 取锅，加入白、胡萝卜球和调味料煮至汤汁略收干即可。

Tips料理小秘诀

胡萝卜和白萝卜不仅取得容易，而且更可以利用挖球器轻松挖出圆球状后，再入锅烹煮成丰富的美味。

165胡萝卜烧肉卷

| 材料 ingredient |

胡萝卜……………………200克
五花猪肉薄片…………200克
淀粉……………………………适量
姜丝……………………………少许

| 调味料 seasoning |

盐………………………………适量
酱油……………………………1大匙
水………………………………1/2杯
细砂糖…………………………1大匙

| 做法 recipe |

1. 胡萝卜削皮、切细丝；在五花猪肉薄片上均匀撒上少许盐，备用。
2. 把猪肉片摊开，抹一层淀粉放上适量胡萝卜丝，卷成肉卷，重复此步骤至材料用完。
3. 取一锅，加入酱油、水、细砂糖煮开，再放入姜丝和胡萝卜肉卷烧至熟透且上色入味即可。

166 干贝烩冬瓜

| 材料 ingredient |

冬瓜……………………… 900克
胡萝卜 ………………………1个
干贝…………………………3颗
高汤………………… 300毫升

| 调味料 seasoning |

盐 ……………………… 1/4小匙
鸡粉…………………… 1/4小匙
糖 ………………………… 少许
香油………………………… 少许

| 做法 recipe |

1. 用挖球器将冬瓜和胡萝卜挖出数颗球状，放入沸水中汆烫至熟捞起备用。
2. 干贝洗净，加入可淹盖过干贝的水量和少许米酒泡软后，放入电锅中（外锅加1杯水）蒸至开关跳起取出切丝。
3. 取锅，加入高汤煮至滚沸，放入冬瓜球、胡萝卜球和干贝丝拌煮，加入调味料煮至入味后，再以适量水淀粉（分量外）勾芡即可。

167 五花肉卤红白萝卜

| 材料 ingredient |

白萝卜500克、胡萝卜100克、五花肉200克、红葱头20克、蒜仁4瓣、姜10克、市售万用卤包1包、色拉油3大匙

| 调味料 seasoning |

酱油5大匙、鸡粉1小匙、细砂糖1大匙、水600毫升

| 做法 recipe |

1. 白萝卜及胡萝卜削皮后，切成大块。
2. 将红萝卜块、白萝卜块放入沸水中汆烫约1分钟后，捞起备用。
3. 五花肉洗净切小块；红葱头、蒜仁及姜洗净切碎末备用。
4. 热锅倒入色拉油，先放入红葱头末、蒜末及姜末以小火爆香，再放入五花肉块，炒至肉变白后，加入万用卤包、所有调味料及红萝卜块、白萝卜块，以大火煮开后，改小火煮约1小时即可。

168 日式风味烧萝卜

| 材料 ingredient |

白萝卜……………………200克
胡萝卜……………………50克
干海带……1段（约10厘米）
水………………………250毫升
葱花………………………少许

| 调味料 seasoning |

酱油……………………1.5大匙
味啉………………………1大匙
细砂糖…………………1/2小匙
柴鱼高汤粉……………1/2小匙

| 做法 recipe |

1. 白萝卜、胡萝卜均去皮切长方块，放入滚沸的水中汆烫，捞出备用。
2. 备一汤锅，倒入材料中的水煮至滚沸，放入干海带段、白萝卜块、胡萝卜块以及所有调味料，以中火煮沸后改小火煮约30分钟，再撒上葱花作装饰即可。

169 海带卤萝卜

| 材料 ingredient |

白萝卜……………………200克
胡萝卜……………………100克
姜…………………………10克
葱…………………………1根
海带………………………100克

| 调味料 seasoning |

五香卤汁………………适量

| 做法 recipe |

1. 将白萝卜与胡萝卜去皮后，切成大块备用。
2. 姜洗净切片；葱洗净切段；海带洗净备用。
3. 取一个炒锅，将所有材料与适量的五香卤汁一起加入。
4. 以中小火卤约30分钟至熟软即可。

备注：取一汤锅，将30毫升酱油、700毫升水、2粒八角、2粒丁香、1小匙五香粉放入，以中小火煮20分钟，即为五香卤汁。

170 土豆炖肉

| 材料 ingredient |

土豆……………………300克
甜豆……………………50克
洋葱……………………1个
胡萝卜…………………1个
蟹味菇…………………50克
魔芋块…………………90克
猪五花薄片肉……150克

| 酱汁 sauce |

水………………300毫升
酱油……………65毫升
米酒……………30毫升
味啉……………20毫升
细砂糖……………20克

| 做法 recipe |

1. 土豆洗净并去皮后，切成适当的大小的滚刀块，再泡水去除多余的淀粉，捞起备用。
2. 洋葱洗净去皮后切成粗丝；胡萝卜洗净去皮后切适当大小的块；蟹味菇洗净并沥干水分；甜豆放入沸中汆烫至熟后捞起泡入冷开水中冷却，再捞起对半斜切，备用。
3. 魔芋块放入沸水中，汆烫约3分钟捞起冷却，撕成适当大小的块备用。
4. 取一锅，将所有酱汁放入锅中，煮均匀后备用。
5. 另起一锅烧热后，放入适量色拉油，将猪五花薄片肉放入锅中拌炒均匀，再放土豆块、胡萝卜块及洋葱丝、魔芋块放入锅中拌炒均匀并加入酱汁炖煮。
6. 待土豆块稍变软后，放入蟹味菇，起锅前再放入备好的甜豆拌煮一下即可。

171 五香卤土豆

| 材料 ingredient |

土豆……………400克
葱……………………1根
胡萝卜……………20克

| 调味料 seasoning |

水……………500毫升
五香粉……………1大匙
鸡粉………………1小匙
酱油………………1大匙
盐……………………少许
白胡椒粉…………少许

| 做法 recipe |

1. 土豆洗净去皮，切大块备用。
2. 把胡萝卜洗净切块；葱洗净切小段备用。
3. 取一个炒锅，放入土豆、胡萝卜、葱段，与所有调味料。
4. 以中小火卤约20分钟即可。

172三杯土豆

|材料 ingredient|

土豆300克、姜30克、蒜仁10瓣、红辣椒1个、低筋面粉适量、九层塔适量、香油3大匙

|调味料 seasoning|

水150毫升、蚝油35毫升、沙茶酱10克、细砂糖10克、米酒30毫升

|做法 recipe|

1. 将所有调味料混合拌匀；土豆洗净去皮切滚刀块；姜洗净切片；红辣椒洗净切圆片，备用。
2. 将切好的土豆块均匀沾裹上薄薄的低筋面粉备用。
3. 热一油锅，烧热至油温约160℃，将土豆块放入锅中油炸至软后，转大火提高油温，再炸至上色捞起沥油备用。
4. 另热一锅烧热后放入香油，将姜片、蒜仁炒至呈金黄焦色后，再放入红辣椒片。
5. 放入炸好土豆块及混合的调味料拌炒至汤汁略收汁，起锅前再加入九层塔略炒一下即可。

173咖喱土豆

|材料 ingredient|

土豆200克、胡萝卜50克、洋葱40克、肉片50克、蒜末10克、色拉油2大匙

|调味料 seasoning|

A 咖喱粉1大匙、高汤适量
B 盐1/4小匙、鸡粉1/4小匙、细砂糖少许

|做法 recipe|

1. 土豆、胡萝卜分别去皮，洗净切块；洋葱切片，备用。
2. 锅烧热，加入2大匙油，加入蒜末和洋葱片爆香，再放入肉片炒至颜色变白。
3. 锅内继续放入土豆块和胡萝卜块拌炒数下，再加入咖喱粉炒香，加入高汤煮沸，最后放入调味料B拌匀，炖煮入味即可。

174 茄肉蔬菜咖喱

| 材料 ingredient |

茄子200克、红甜椒1/4个、黄甜椒1/4个、胡萝卜200克、土豆200克、西芹1棵、水900毫升

| 调味料 seasoning |

咖喱块1小盒

| 做法 recipe |

1. 茄子和红、黄甜椒洗净切条备用。
2. 胡萝卜和土豆洗净去皮切块；西芹洗净去粗丝切块备用。
3. 取一炒锅倒入适量油（材料外），将茄子条和红甜椒条、黄甜椒条放入油锅，炸熟沥油备用。
4. 将油锅内多余的油倒出，仅留少许底油加热，放入西芹块、胡萝卜块和土豆块炒香，再加900毫升的水煮开后，放入咖喱块，搅拌煮至汤汁浓稠即关火。
5. 将炸好的茄子条和红甜椒条、黄甜椒条放入煮好的蔬菜咖喱酱中即可。

175 茄香三杯

| 材料 ingredient |

茄子400克、九层塔15克、香油2大匙、姜片4片、红辣椒1个、葱1/2根、炸过的蒜仁6颗

| 调味料 seasoning |

蔬菜用三杯酱2大匙（做法见P119）

| 做法 recipe |

1. 茄子洗净、切成约1.5厘米长的小段；红辣椒、葱洗净切段，备用。
2. 将茄子放入150℃油温的油锅中，以大火炸至白色部分呈金黄色即可捞起。
3. 另热一锅，加入香油，放入姜片，炒至姜片卷曲，再放入红辣椒段、葱段、蒜仁和蔬菜用三杯酱拌炒均匀。
4. 放入炸过的茄子拌炒，在收汁前，加入九层塔拌炒即可。

176 三杯西蓝花

| 材料 ingredient |

西蓝花200克、菜花250克、水1000毫升、九层塔15克、香油2大匙、姜片4片、红辣椒1个、葱1/2根、蒜仁6瓣

| 调味料 seasoning |

蔬菜用三杯酱2大匙

| 做法 recipe |

1. 菜花、西蓝花均洗净、切成小朵后，放入1000毫升沸水中煮10分钟，捞起；将蒜仁炸至呈金黄色；红辣椒、葱洗净切段，备用。
2. 另热一锅，加入香油，放入姜片，炒至姜片卷曲，再放入红辣椒段、葱段、蒜仁和蔬菜用三杯酱，一起拌炒均匀。
3. 先放入菜花一起拌炒，收汁到约1/3时，再放入西蓝花，起锅前加入九层塔拌炒即可。

蔬菜用三杯酱

材料：

米酒1杯、肉桂粉1/4小匙、白糖1/2杯、酱油1杯、辣豆瓣酱1/2杯、甘草粉1小匙、鸡粉1大匙、西红柿汁2大匙、胡椒粉1小匙、陈醋1/4杯

做法：

将以上材料一起混合、拌匀即可。

备注：

以上酱料皆以500毫升的量去调配，读者可自行依需要，照比例增减；一般可放冰箱保存两星期。

177 三杯玉米

| 材料 ingredient |

玉米400克、水1000毫升、九层塔15克、香油2大匙、姜片4片、红辣椒1个、葱1/2根、蒜仁6瓣

| 调味料 seasoning |

蔬菜用三杯酱2大匙（做法见P119）

| 做法 recipe |

1. 玉米洗净，放入1000毫升沸水中，以中火煮25～30分钟后，捞起；将蒜仁炸至呈金黄色，备用。
2. 待煮熟的玉米冷却后，切成条；红辣椒、葱洗净切段，备用。
3. 另热一锅，加入香油，放入姜片，炒至姜片卷曲，再放入红辣椒段、葱段、蒜仁和蔬菜用三杯酱拌炒均匀。
4. 加入熟玉米段拌炒，在收汁前，加入九层塔拌炒即可。

178 三杯茭白

| 材料 ingredient |

茭白400克、九层塔15克、香油2大匙、姜片4片、红辣椒1个、葱1/2根、蒜仁6瓣、高汤60毫升、盐水1000毫升

| 调味料 seasoning |

蔬菜用三杯酱2大匙（做法见P119）

| 做法 recipe |

1. 茭白切块，放入油温约180℃的油锅中，以大火炸至表面脱水（呈现皱皱的样子）；将蒜仁炸至呈金黄色，备用。
2. 红辣椒、葱洗净切段，备用。
3. 另热一锅，加入香油，放入姜片，炒至姜片卷曲，放入红辣椒段、葱段、炸过的蒜仁和蔬菜用三杯酱拌炒。
4. 放入炸好的茭白拌炒，在收汁前，加入九层塔拌炒即可。

179 三杯四季豆

| 材料 ingredient |

四季豆500克、九层塔15克、香油2大匙、姜片4片、红辣椒1个、葱1/2根、蒜仁6瓣

| 调味料 seasoning |

蔬菜用三杯酱2大匙（做法见P119）

| 做法 recipe |

1. 四季豆摘掉前后的蒂，洗净、沥干后，放入六分满油温约180℃的油锅中，以大火炸至表面脱水（呈现皱皱的样子）；将蒜仁炸至呈金黄色，备用。
2. 红辣椒、葱洗净切段，备用。
3. 另热一锅，加入香油，放入姜片，炒至姜片卷曲，再放入红辣椒段、葱段、炸过的蒜仁和蔬菜用三杯酱拌炒均匀。
4. 放入已过油的四季豆拌炒，在收汁前，加入九层塔拌炒即可。

180 酱卤娃娃菜

| 材料 ingredient |

娃娃菜400克、葱1根、蒜仁3瓣、红辣椒丝少许、葱丝少许、胡萝卜1根

| 调味料 seasoning |

水300毫升 、鸡粉1小匙、盐少许、白胡椒粉少许、香油少许、酱油1大匙、糖1小匙

| 做法 recipe |

1. 将娃娃菜去蒂，对切后洗净沥干备用。
2. 葱洗净后切段；胡萝卜洗净后切片；蒜仁拍扁备用。
3. 取一个炒锅，加入葱段、胡萝卜片、蒜仁、娃娃菜，接着再加入所有的调味料，以中小火焖煮约20分钟至娃娃菜煮软。
4. 将娃娃菜盛盘后，撒上少许红辣椒丝、葱丝作装饰即可。

181 茄酱煨娃娃菜

| 材料 ingredient |

娃娃菜……………300克

| 调味料 seasoning |

西红柿红酱……… 2大匙
（做法见P169）
水………………… 200毫升

| 做法 recipe |

1. 将调味料混合拌匀，倒入锅中以小火煮至滚沸。
2. 放入娃娃菜以小火煨2分钟至汤汁略收即可。

182日式蔬菜煮

| 材料 ingredient |

魔芋……………………50克
竹笋……………………20克
牛蒡……………………20克
干香菇…………………4朵
莲藕片…………………20克
四季豆…………………50克
胡萝卜…………………20克
珊瑚菇…………………10克

| 调味料 seasoning |

细砂糖………………1大匙
味啉…………………1大匙
酱油…………………1/2大匙
海带高汤……… 200毫升
（做法见P253）

| 做法 recipe |

1. 竹笋、牛蒡、胡萝卜均去皮洗净，切块；莲藕去皮、洗净、切片；干香菇洗净泡软；四季豆洗净去老筋后切段；魔芋洗净；珊瑚菇洗净撕小块；备用。
2. 将所有材料与调味料放入汤锅中拌匀，以中火煮开后转小火炖煮约20分钟至入味即可。

183日式炖煮

| 材料 ingredient |

莲藕200克、魔芋100克、干香菇20克、胡萝卜70克、牛蒡50克、去骨鸡腿肉150克、红甜椒30克、甜豆30克、油1大匙

| 调味料 seasoning |

酱油45毫升、味啉40毫升、砂糖15克、水400毫升

| 做法 recipe |

1. 将魔芋和香菇分别放入水中浸泡；莲藕、胡萝卜、牛蒡，削皮切块；红甜椒洗净切片；鸡腿肉洗净切块；甜豆洗净去除粗筋，备用。
2. 将魔芋切块后，放入沸水中快速氽烫3~4分钟，捞出沥干备用。
3. 热锅放油，放入鸡肉块煎至外表呈金黄色，取出备用。
4. 将鸡肉以外的材料及调味料放入锅中煮沸后，转小火继续炖煮约10分钟。
5. 放入鸡肉块，继续炖煮至入味即可。

184炖什锦蔬菜

| 材料 ingredient |

洋葱50克、红甜椒20克、黄甜椒20克、茄子100克、土豆300克、西芹50克、胡萝卜30克、南瓜50克、橄榄油1大匙

| 调味料 seasoning |

水2000毫升、盐1小匙

| 做法 recipe |

1. 红甜椒、黄甜椒均洗净，去蒂及籽后切块；洋葱、土豆、胡萝卜、南瓜均洗净，去皮切块；茄子和西芹洗净切块；备用。
2. 热锅倒入橄榄油烧热，加入洋葱块与西芹块以小火炒出香味，再加入其余蔬菜块翻炒均匀，加水改中火煮开后转小火炖煮至土豆块熟软，最后加入盐调味即可。

185 茄汁烩什锦蔬菜

| 材料 ingredient |

西蓝花……………50克
黄圣女果…………30克
红圣女果…………20克
鲜香菇片…………30克
玉米笋……………30克
荷兰豆荚…………10克
水淀粉…………1/2小匙

| 调味料 seasoning |

番茄酱…………2大匙
盐……………1/4小匙
水……………50毫升

| 做法 recipe |

1. 西蓝花、鲜香菇片、玉米笋和荷兰豆荚放入沸水中烫熟；黄圣女果、红圣女果洗净，对半切开，备用。
2. 将调味料混合拌匀，倒入锅中，再加入水淀粉加热拌匀做成芡汁备用。
3. 将黄圣女果、红圣女果和做法1的蔬菜放入调味料芡汁锅内，略煮2分钟即可。

RECIPIENT
FEMME EST TRÈS DÉLICIEUX.
EST UTILISÉE,
BON À CUIRE PLUS LOIN.

186 普罗旺斯炖蔬菜

| 材料 ingredient |

洋葱……………………200克
红甜椒…………………50克
黄甜椒…………………50克
茄子……………………50克
土豆……………………500克
西红柿…………………100克
西芹……………………50克
小黄瓜…………………50克
胡萝卜…………………30克
九层塔…………………10克
蒜仁……………………3瓣
橄榄油…………………2大匙

| 调味料 seasoning |

A 脱皮西红柿·····300克
西红柿糊………100克
蔬菜高汤··3000毫升
B 胡椒粒…………1小匙
香叶………………2片
迷迭香………1/2小匙

| 做法 recipe |

1. 九层塔洗净切丝；大蒜去皮切片；其他材料均洗净，处理干净后切块；备用。

2. 热锅倒入橄榄油烧热，加入大蒜片、洋葱块与西芹块以小火炒出香味。

3. 将其余材料加入锅中，改中火翻炒均匀，继续加入混匀的调味料B翻炒约30秒。

4. 加入调味料A搅拌均匀，改中火煮开后转小火炖煮至土豆块熟软即可。

蔬菜高汤

材料：

圆白菜…………300克
胡萝卜…………300克
西芹……………200克
洋葱……………300克
干香菇…………50克
西红柿…………100克
香叶……………2片
水……………5000毫升

做法：

1. 洋葱、胡萝卜均洗净，去皮后切块；西红柿、圆白菜和西芹洗净切块；干香菇洗净泡软；备用。
2. 将所有材料放入锅中以中火煮沸，改小火熬煮至汤汁剩下约1000毫升，滤出高汤即可。

187 法式炖蔬菜

| 材料 ingredient |

洋葱50克、土豆100克、胡萝卜30克、鲜香菇30克、玉米笋100克、西芹30克、橄榄油1大匙

| 调味料 seasoning |

水2000毫升、动物鲜奶油200克、盐1/4小匙、奶酪粉2大匙

| 做法 recipe |

1. 洋葱、土豆、胡萝卜均洗净，去皮后切块；鲜香菇、玉米笋和西芹洗净切块；备用。
2. 热锅倒入橄榄油烧热，加入洋葱块与西芹块以小火炒出香味，再加入其余蔬菜块翻炒均匀，加入水和动物鲜奶油拌匀，改中火煮沸后转小火炖煮约40分钟至土豆块熟软，最后加入盐和奶酪粉拌匀即可。

188 红酒炖洋葱

| 材料 ingredient |

洋葱………………………400克
橄榄油……………………1大匙

| 调味料 seasoning |

红酒……………………200毫升
水………………………100毫升

| 做法 recipe |

1. 洋葱洗净，去皮切块，备用。
2. 热锅倒入橄榄油烧热，加入洋葱块以小火炒出香味，再加入所有调味料改中火煮开，最后转小火炖煮约20分钟至入味即可。

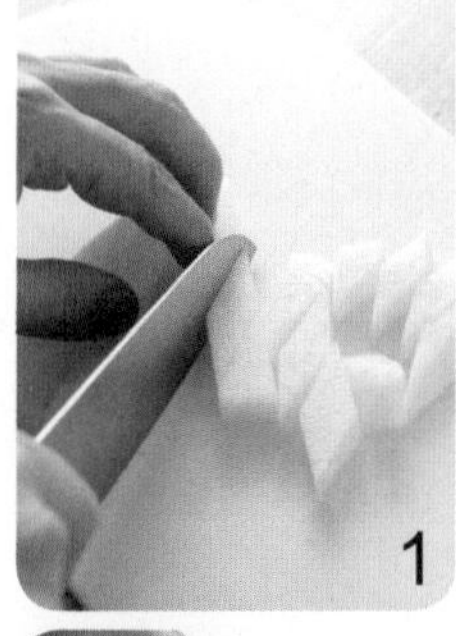

1

2

3

4

5

189咸冬瓜卤白萝卜

| 材料 ingredient |

白萝卜……………200克
葱…………………… 1根
姜…………………… 10克

| 调味料 seasoning |

咸冬瓜……………1大匙
水……………… 500毫升
酱油…………………1小匙
香油…………………少许
糖……………………1小匙

| 做法 recipe |

1. 白萝卜洗净去皮，切块备用（见图1）。
2. 将咸冬瓜切段、葱洗净切段（见图2）；姜洗净切片备用。
3. 取一个炒锅，加入做法1、做法2的所有材料与除了糖以外的所有调味料（见图3）。
4. 以中小火卤约25分钟，至白萝卜入味（见图4）。
5. 加入糖调味即可（见图5）。

Tips料理小秘诀

加入咸冬瓜一起卤能够让这道菜更加入味，但是如果卤太久容易造成过咸，所以千万不要忘记最后加入少许的糖，如此不但能够使本道菜卤得入味，还能够中和咸度。

190 豆酱卤冬瓜

| 材料 ingredient |

冬瓜……………………… 500克
姜…………………………10克
色拉油…………………… 2大匙

| 调味料 seasoning |

黄豆酱…………………… 4大匙
盐……………………… 1/6小匙
鸡粉…………………… 1/2小匙
细砂糖………………… 1/4小匙
水……………………… 200毫升

| 做法 recipe |

1. 冬瓜削掉外皮，去掉中间的软心后，洗净切块；姜洗净切丝备用。
2. 热锅倒入色拉油烧热，先以小火炒香姜丝，再加入冬瓜块及所有调味料以大火煮开后，改小火续煮约30分钟至冬瓜熟软即可。

191 鸡油芥菜卤

| 材料 ingredient |

芥菜心…………………… 600克
姜…………………………20克
鸡油………………………100克

| 调味料 seasoning |

水……………………… 300毫升
盐……………………… 1/2小匙
细砂糖………………… 1/2小匙

| 做法 recipe |

1. 芥菜心切小块后洗净；姜洗净切丝备用。
2. 鸡油用沸水氽烫过后，洗净切小块备用。
3. 热锅，先放入处理后的鸡油以小火慢慢炒至出油后，放入姜丝以中火炒香，再加入芥菜心块及所有调味料，先以大火煮至汤汁滚沸后，改小火继续煮约15分钟即可。

192 虾米菜心

| 材料 ingredient |

菜心……………………… 600克
虾米……………………… 30克
姜………………………… 20克
色拉油…………………… 2大匙

| 调味料 seasoning |

水……………………… 400毫升
盐……………………… 1/4小匙
鸡粉…………………… 1/4小匙
细砂糖………………… 1/4小匙

| 做法 recipe |

1. 菜心削去表皮后，切小块；姜洗净切碎末备用。
2. 虾米先用热开水浸泡约10分钟后，取出洗净。
3. 热锅倒入色拉油，烧热，先以小火将虾米及姜末炒香，再加入切好的菜心块及所有调味料，以大火煮开后，改小火煮约15分钟即可。

193 虾皮大黄瓜

| 材料 ingredient |

大黄瓜…………………… 1100克
虾皮……………………… 5克
姜………………………… 20克
胡萝卜片………………… 少许
色拉油…………………… 3大匙

| 调味料 seasoning |

水……………………… 400毫升
盐……………………… 1/4小匙
鸡精粉………………… 1/4小匙
细砂糖………………… 1/4小匙

| 做法 recipe |

1. 大黄瓜削皮，去除中间的籽，切成小块；虾皮洗净后沥干；姜洗净切碎末备用。
2. 热锅倒入色拉油，先放入虾皮及姜末以小火炒香，再放入处理后的大黄瓜块、胡萝卜片及所有调味料，以大火煮沸后，改小火煮约25分钟即可。

194肉丝卤黄豆芽

| 材料 ingredient |

黄豆芽500克、肉丝30克、姜20克、色拉油3大匙

| 调味料 seasoning |

A 水300毫升、酱油2大匙、陈醋1大匙、盐1/6小匙、细砂糖1大匙、色拉油2大匙

B 水淀粉1大匙、香油1大匙

| 做法 recipe |

1. 黄豆芽洗净沥干；姜洗净切丝备用。
2. 热锅倒入色拉油，先放入姜丝及肉丝以中火炒至肉散开变白。
3. 加入黄豆芽及调味料A，以大火煮开，改由小火煮约3分钟，再用水淀粉勾芡，起锅前淋上香油即可。

195辣酱卤大头菜

| 材料 ingredient |

大头菜……500克
蒜仁……4瓣
色拉油……2大匙

| 调味料 seasoning |

辣椒酱……3大匙
盐……1/4小匙
鸡粉……1/2小匙
细砂糖……1小匙
水……400毫升

| 做法 recipe |

1. 大头菜削掉表皮后，洗净切成滚刀块；蒜仁切碎末备用。
2. 热锅，倒入色拉油，放入蒜末及辣椒酱以小火炒香，再放入大头菜块及其余调味料以大火煮至汤汁沸腾后，改小火继续煮约40分钟即可。

196 酱汁炖南瓜

| 材料 ingredient |

南瓜……………………… 400克
姜…………………………100克

| 调味料 seasoning |

盐………………………… 1/4小匙
冰糖……………………… 4大匙
水………………………500毫升
米酒……………………… 60毫升

| 做法 recipe |

1. 南瓜切开去籽、切小块；姜洗净切片，备用。
2. 将南瓜块、姜片及所有调味料放入锅中，以中小火炖煮至汤汁浓稠即可。

Tips料理小秘诀

南瓜若没有经过处理，可以存放很久。如果购买的是已经切成小块的南瓜，又没有立即食用时，记得去除籽并包覆好后，放入冰箱冷藏，即可延长保存的时间。

197 菱角炆梅肉

| 材料 ingredient |

生菱角仁300克、梅花肉300克、胡萝卜200克、葱2根、鲜香菇3朵、水400毫升、色拉油2大匙

| 调味料 seasoning |

酱油2大匙、酱油1大匙、米酒50毫升、冰糖10克

| 做法 recipe |

1. 胡萝卜洗净切块；葱洗净一根切段、另一根切葱花；梅花肉洗净切块；生菱角仁洗净沥干水分备用。
2. 锅中倒入2大匙色拉油，开中火将葱段、香菇爆香，放入梅花肉块炒至变色、散发出香味，再加入调味料拌炒至入味。
3. 将水倒入锅中，加入生菱角仁、胡萝卜块，以小火熬煮30分钟至入味后，再放入葱花拌炒一下即可。

198 红烧猴头菇

| 材料 ingredient |

A 千页豆腐……200克
胡萝卜片……15克
干猴头菇……15克
姜……5克
水……1/2杯

B 鸡蛋……1/2个
咖喱粉……1/2小匙
油……1小匙
盐……1/2小匙
糖……1/2小匙

C 玉米粉……1大匙
地瓜粉……2大匙
色拉油……2大匙

| 调味料 seasoning |

素沙茶……1大匙
素蚝油……1大匙

| 做法 recipe |

1. 千页豆腐洗净切块；姜洗净切末备用。
2. 猴头菇洗净，用冷水泡软，以手撕成3~4厘米见方的块后，挤干水分，加入材料B抓拌均匀，先放入玉米粉拌匀，再沾裹一层地瓜粉，最后放入油温约180℃的热油锅中，以大火炸至表面呈金黄色时，捞出沥油备用。
3. 另热一锅，加入2小匙油，姜末爆香，放入千页豆腐块、胡萝卜片、水与过油炸好的猴头菇和调味料，以小火烧至入味即可。

199 素菜卤

| 材料 ingredient |

大白菜……400克
胡萝卜片……20克
黄花菜……15克
泡发香菇……25克
豆皮……25克
素肉……50克
笋片……20克

| 调味料 seasoning |

A 水……400毫升
盐……1/2小匙
香菇精……1/4小匙
细砂糖……1/4小匙
白胡椒粉……1/4小匙
B 水淀粉……1大匙
香油……1大匙

| 做法 recipe |

1. 大白菜去掉菜心部分，切成小块备用。
2. 黄花菜、豆皮、笋片、胡萝卜片一起放入沸水中汆烫后约30秒后，捞起沥干备用。
3. 取锅，先放入大白菜块及做法2的所有食材、泡发香菇、素肉及调味料A以大火煮开后，改中火煮约6分钟至大白菜酥烂，再用水淀粉勾芡，起锅前淋入香油，放上红辣椒丝（分量外）作装饰即可。

炸烤蔬菜篇

有着金黄外观、散发着浓郁香气的炸烤蔬菜，
绝对是大人和小孩们都无法抵挡的美食，
哪怕只是简单的炸地瓜片或薯条，
搭配一点胡椒盐或番茄酱，
也能变成好吃的美味。

就让我们赶快来学做这些
家常又简单的炸烤蔬菜料理。

炸烤蔬菜料理

难以想象的金黄美味

天麸罗的疑难杂症

Q 1. 想要油炸天麸罗时，才发现油温过高，该怎么办呢?

A 天麸罗的制作重点是油温的高低，所以当油温过高时，不要勉强继续将食材丢入油锅中油炸！此时你可以加入少许面衣于油锅中，就能迅速将油温降下来。因为面衣的温度较低且含有水分，所以可以利用面衣的温度将油温调节下来。

Q 2. 要怎么看油温的高低呢?

A 只要用手沾取少许面衣，然后丢入油锅中，若发现面衣以很快的速度浮出油面成为熟面衣，那就表示油温是高的；如果出现相反的情形则表示油温是低的。

Q 3. 制作天麸罗的面衣时，该怎么判断面衣的好坏呢?

A 当面衣制作完成以后，可以用手沾取适量的面衣来测试，如果面衣呈现出流性的状态，就表示面衣的制作失败。这是因为面衣的水分过多而无法产生黏稠度，这样会造成油炸后的天麸罗其面衣和食材分离而不会紧粘，导致口感不佳。

*锅中油温过高时，可加入少许面衣降低油温。

*手沾取少许面衣，放入油锅中，如果面衣快速浮出，表示油温可以炸食材了。

*如果面衣呈现出流性状态，说明这样的面衣不合格！

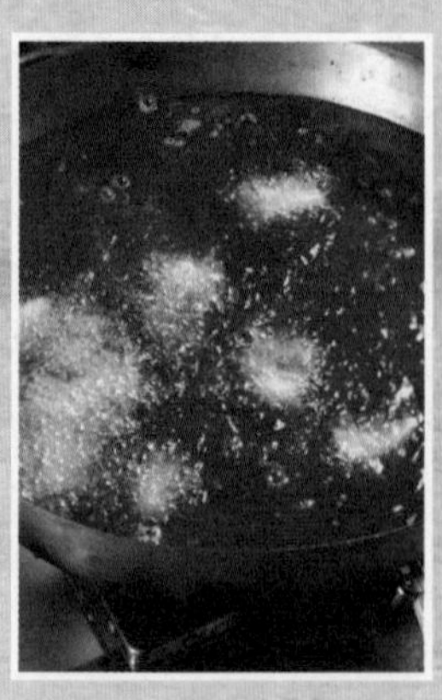

*天麸罗刚下油锅时，油泡泡会很多。

想要做出完美好吃的天麸罗，除了在制作准备或处理上要注意的小细节之外，你还有哪些棘手问题是要解决的吗？这些常困扰着初学者的问题，就让五星级的大厨一一为你解答疑惑，告诉你简单的解决方法！

Q 4. 怎样才知道天麸罗是否油炸成熟了呢？

A 当天麸罗一下热油锅油炸时，你会发现此时的油泡泡很多，随着油炸时间的变长，这些油泡泡会慢慢地转少且变为细小泡泡，这时就代表天麸罗已经熟成了可以捞起。如果发现连这些细小的油泡泡都消失了，那就表示你已经油炸过头，包裹在面衣里面的天麸罗，其水分都被炸干了，吃起来当然就会干涩不可口了。

Q 5. 当油锅中的热油已经显得略脏了，我该怎么办呢？

A 想要将热油锅中的热油略微清理干净，有两种方法。第一种方法是沾取适量的面衣，弹入热油锅中油炸，让面衣去吸附油中的杂质；第二种方法则是使用白米饭，也是放入热油锅中油炸，目的同样在于吸附油中的杂质。至于该使用哪一种方法为佳呢？你可以依据自己当时手边现有的材料是哪一种来做决定！

Q 6. 该怎么用最省力气的方式来去除掉粘附在油锅中的油垢呢？

A 其实要清理掉讨厌的油垢并不困难！只要以大火干烧的方式，让热油锅烧至锅中冒烟后再熄火，然后使用清水稍加冲洗后，就能将油垢清除得一干二净了，这可远比使用任何清洁剂都来得省力！唯一要注意的是，在大火干烧时要小心火苗。

*天麸罗熟成后，油泡泡会变少。

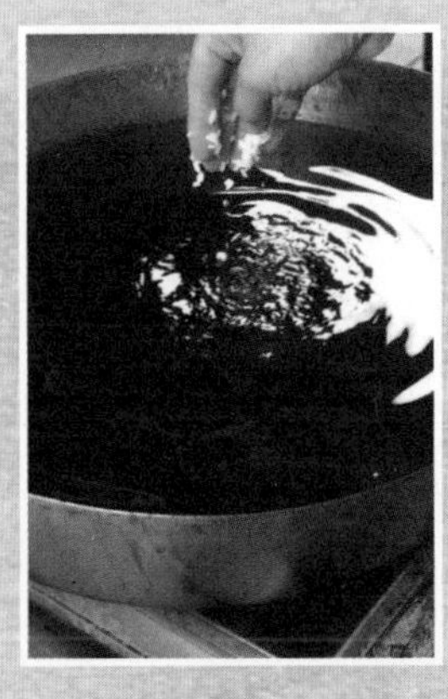

*将白米饭丢入热油锅中，可以吸附油中的杂质。

*经过大火干烧的热油锅，可以清楚地看见锅内的油垢大部分已被清除掉了。

焗烤蔬菜成功4招

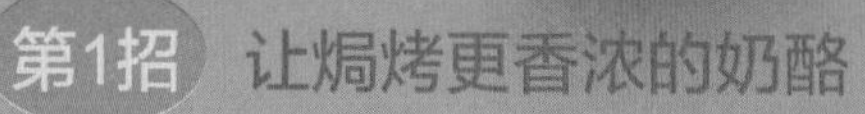

第1招 让焗烤更香浓的奶酪

牵扯不断的奶酪丝刚出烤炉时，除了金黄微焦的表皮让人惊艳外，浓浓的诱人奶香，更是让人食欲大动。焗烤要好看成功，除了掌控火候和温度外，焗烤料理的灵魂——奶酪的选择也相当重要。

第2招 焗烤馅料的前处理

焗烤内在的丰富馅料，是焗烤的另一重要特色。无论是蔬菜、海鲜、肉类、面条或米饭，容器内层层叠叠的食材，若没事先处理，很容易会导致焗烤表皮焦黑，内馅却半生不熟。常见的馅料处理可分为炸、炒、煎、烫等几种方式。

第3招 焗烤不可少的器具

瓷器、玻璃、塑料和不锈钢餐具都不适合放入烤箱中焗烤。瓷器和玻璃餐具在高温下容易破裂造成危险；而塑料遇高温则会融化并释放出有毒物质，不锈钢餐具则因太容易导热会让食材过热而焦掉，且餐具也会因高温而易变形。

第4招 烤出金黄色泽这样做

别忘了先让烤箱预热，通常以180℃预热约10分钟，当烤箱维持着一定的热度，放入烤箱中的半成品也较容易在设定的温度下烤出理想又美味的色泽与外观。另外，应选择有上下火开关的烤箱，这样不仅较容易掌握焗烤时成品的成功度，也更容易烤出内熟外金黄的成品。在焗烤过程中，有时可将较焦黄的部分和不易上色的部分，在位置作个调换，如此可让整个成品烤出来的颜色更均匀。

200 天麸罗盖饭

天麸罗面衣

材料：

蛋黄……1个
低筋面粉……150克
水……120克
冰块……少许

做法：

1. 将低筋面粉、蛋黄一起混合加入，并加入水。
2. 以划十字的方式将所有材料搅拌均匀。
3. 加入少许冰块，略搅拌数下降低温度即可。

|材料 ingredient|

虾仁……50克
洋葱……10克
香菇……20克
山芹菜……10克
米饭……1碗
淀粉……少许
面衣……适量
浇淋酱汁……适量

|做法 recipe|

1. 将虾仁、洋葱、香菇、山芹菜切成丁一起混合搅拌后，用手捏成约3厘米厚的饼状，饼的直径不要超过制作盖饭的容器；将米饭放入制作盖饭的容器内备用。
2. 将做好的饼依序沾裹上淀粉和面衣。
3. 取一油锅并将烧热至油温约180℃，再把做好的饼放入油锅中，炸约7分钟至酥脆即可捞起摆放在米饭上，最后加入浇淋酱汁即可。

备注：将10克浓口酱油、10克味啉、50克柴鱼高汤混合煮开为烧淋酱汁。

201 炸菜天麸罗

| 材料 ingredient |

A 地瓜……………20克
南瓜……………20克
茄子……………10克
红甜椒……………5克
黄甜椒……………5克
四季豆……………30克

B 低筋面粉……… 3大匙
盐……………1/4小匙
玉米粉………1/2大匙
日式地瓜粉…1/2大匙
水……………… 2大匙

| 酱汁 sauce |

白萝卜泥………… 2大匙
味啉………………1大匙
生抽………………1小匙

| 做法 recipe |

1. 将所有酱汁材料调匀，备用。
2. 地瓜、南瓜均洗净、去皮切片；茄子洗净切段，茄身划出花纹；四季豆洗净，撕除老筋后切长段；红甜椒、黄甜椒洗净，去蒂头和籽后切片备用。
3. 将材料B放入大碗中调匀，加入所有食材拌匀，备用。
4. 热锅倒入适量油烧热至油温约200℃，依序放入裹上B材料的食材以中火油炸至外皮呈金黄色，捞出沥油，食用时搭配调好的酱汁即可。

202 酥炸蔬菜

| 材料 ingredient |

A 地瓜……10克
南瓜……5克
胡萝卜……2克
四季豆……5克
圆白菜……5克
色拉油……少量

B 中筋面粉……3大匙
鸡蛋……1个
盐……1/4小匙

| 做法 recipe |

1. 地瓜、南瓜、胡萝卜均洗净、去皮切丝；圆白菜洗净切丝；四季豆洗净，撕除老筋后切薄斜片，备用。
2. 将材料B放入大碗中调匀，加入所有食材拌匀成蔬菜糊，备用。
3. 热锅倒入适量油，烧热至油温约200℃，依序分次放入适量蔬菜糊，以中火油炸至外表呈金黄色，捞出沥油即可。食用时可搭配番茄酱增加风味。

203酥炸牛蒡

| 材料 ingredient |

牛蒡……………………………150克

| 调味料 seasoning |

细砂糖……………………1大匙
白芝麻………………… 1/2大匙

| 做法 recipe |

1. 牛蒡洗净、去皮切丝备用。
2. 热锅倒入适量油，烧热至油温约150℃，放入牛蒡丝并一边搅散避免粘在一起，以中火油炸至表皮呈金黄色，捞出沥油，趁热均匀地撒上所有调味料拌匀即可。

204牛蒡酥炸条

| 材料 ingredient |

牛蒡……………………………150克
淀粉……………………………3克
面衣……………………………15克
（做法见P141）
海苔粉…………………………3克

| 做法 recipe |

1. 牛蒡去皮洗净，切长条再对切分成4等份，以厨房纸巾擦干水分。
2. 将牛蒡条依序裹上淀粉、面衣和海苔粉。
3. 取一油锅倒入适量炸油，烧热至油温约180℃时，放入牛蒡条炸约6分钟至酥脆即可。

205 薄衣青芦笋

| 材料 ingredient |

青芦笋……………180克
三文鱼卵……………30克
海苔片………………1片
面衣…………………适量
（做法见P141）

| 做法 recipe |

1. 青芦笋根部去皮后，沾裹上面衣。
2. 取一油锅并烧热至油温约180℃，再把青芦笋放入油锅中，炸约4分钟至酥脆即可捞起摆盘。
3. 将海苔片切丝后一起和三文鱼卵铺在炸好的青芦笋上即可。

206炸香菇

| 材料 ingredient |

鲜香菇……200克
脆浆粉……1碗
水……1.5碗
色拉油……1大匙

| 调味料 seasoning |

胡椒盐……适量

| 做法 recipe |

1. 鲜香菇切去蒂头，略洗沥干备用。
2. 脆浆粉分次加水拌匀，再加入色拉油搅匀。
3. 将香菇表面沾裹适量搅匀的脆浆，放入油温约120℃的热油中，以小火炸3分钟，再改大火炸30秒后捞出沥油。
4. 食用时再撒上胡椒盐即可。

Tips料理小秘诀

炸物时裹粉很重要，裹的粉浆厚薄也很重要。太厚会影响口感，太薄又吃起来不脆，裹的适中最好。

207莲藕天麸罗

| 材料 ingredient |

莲藕150克、地瓜100克、四季豆80克、鲜香菇3朵、青辣椒40克、鸡蛋1个、中筋面粉150克、冰水400毫升

| 酱汁 sauce |

生抽2大匙、萝卜泥适量

| 做法 recipe |

1. 将莲藕、地瓜洗净去皮，切片；四季豆洗净去除老茎；青辣椒、鲜香菇切块备用。
2. 将鸡蛋、中筋面粉、冰水调成面糊；生抽、萝卜泥调匀成酱汁备用。
3. 取锅放入大量油，加热至油温约160℃。
4. 将做法1的所有材料，依序沾面糊，放入油锅中，炸至外表呈金黄色即可捞出沥干，搭配调好的酱汁食用即可。

Tips料理小秘诀

在做法3中，要确认油的热度却没温度计，可以在锅中加入一小滴面糊，能迅速让面糊成形的温度，油温约为160℃。

208 炸蔬菜饼

食谱示范：李德全

|材料 ingredient|

圆白菜丝··············80克
韭菜························20克
胡萝卜丝··············30克
面衣·······················1/2杯
（做法见P141）
椒盐粉····················适量

|做法 recipe|

1. 韭菜洗净切小段；将韭菜段、圆白菜丝与胡萝卜丝混合，加入面衣拌匀。
2. 热一锅油，加热至油温约160℃，将拌好的蔬菜，用手抓成一撮撮放入油锅炸至金黄色，捞起沥干油装盘，食用时蘸椒盐粉即可。

209洋葱圈

| 材料 ingredient |

A 洋葱……………………200克
　面包粉…………………100克
B 面粉……………………1/2杯
　粘米粉…………………1/2杯
　泡打粉…………………1小匙
　水……………………140毫升

| 调味料 seasoning |

盐…………………………1小匙
胡椒粉……………………少许

| 做法 recipe |

1. 洋葱去皮及蒂后，整颗横切成宽约0.5厘米的片，再剥开成一圈圈，备用。
2. 将材料B调成面糊，备用。
3. 热油锅，烧热至油温约160℃时，将剥成的洋葱圈先沾裹上面糊，再裹上面包粉（分量外）后下锅炸，以中火炸约30秒至表皮呈金黄色时捞出沥油即可。
4. 食用时可蘸拌匀的调味料，蘸取椒盐粉则风味更佳。

210酥炸杏鲍菇

| 材料 ingredient |

A 杏鲍菇…………………300克
　面粉……………………1/2杯
B 玉米粉…………………1/2杯
　吉士粉…………………1大匙
　泡打粉………………1/4小匙
　水……………………140毫升

| 调味料 seasoning |

椒盐粉……………………1小匙

| 做法 recipe |

1. 杏鲍菇洗净后切小块备用。
2. 材料B调成糊浆备用。
3. 热锅，放入约400毫升色拉油，烧热至油温约180℃时，将切成块的杏鲍菇蘸上调匀的糊浆后，放入油锅以中火炸约3分钟至表皮酥脆呈金黄色，捞起后沥油并撒上椒盐粉拌匀即可。

211 椒盐杏鲍菇

| 材料 ingredient |

杏鲍菇……300克
香菜梗……5克
红辣椒……5克
姜……5克
地瓜粉……适量
葵花籽油……少量

| 调味料 seasoning |

A 味精……少许
盐……少许
胡椒粉……少许
B 胡椒盐……少许

| 做法 recipe |

1. 香菜梗、红辣椒、姜洗净切末，备用。
2. 杏鲍菇洗净切块，放入沸水中快速汆烫，捞出沥干水分，备用。
3. 将调味料A拌匀，均匀沾裹在杏鲍菇块上再沾上地瓜粉；热油锅至油温约160℃，放入杏鲍菇块炸至上色，捞出沥油，备用。
4. 热锅倒入少许葵花籽油，爆香姜末，放入香菜梗末、红辣椒末炒香，再放入炸好的杏鲍菇块拌炒均匀即可。食用时可依个人喜好，搭配少许胡椒盐。

212 炸笋饼

| 材料 ingredient |

A 绿竹笋（已煮熟）200克、笋丁50克、鲜虾100克、淀粉适量
B 冷水80毫升、蛋黄1/2个、低筋面粉50克

| 调味料 seasoning |

A 味啉少许、盐少许、胡椒粉少许
B 胡椒盐少许

| 做法 recipe |

1. 绿竹笋去壳先切成约0.2厘米厚的圆片，再将笋片切成半圆形备用。
2. 鲜虾去肠泥、壳后，剁成泥，笋丁切成细末与虾泥拌匀，再加入盐、胡椒粉、味啉调味、拌匀备用。
3. 取一片笋片涂上薄薄的淀粉，放上适量已调味的虾泥抹匀，再盖上一片笋片制成笋饼。
4. 将材料B中的冷水、蛋黄混合均匀，加入过筛的低筋面粉，调匀成面衣。
5. 将笋饼沾裹上薄薄的低筋面粉（分量外），再沾裹上面衣，放入油温约180℃的锅中炸至金黄酥脆即捞起。
6. 食用时，撒上适量胡椒盐即可。

食谱示范：杨晓珠

213炸茄饼

| 材料 ingredient |

茄子……………………400克
中筋面粉……………适量

| 酱汁 sauce |

蒜末……………………1小匙
酱油…………………… 2大匙
水 ……………………… 2大匙

| 做法 recipe |

1. 茄子洗净切斜片，泡入盐水中备用。
2. 中筋面粉与适量的水调至黏稠状即为面衣。
3. 将茄片沥干水分，沾裹面衣放入油温约150℃的热油中炸至外表呈金黄色后捞起沥油。
4. 拌匀酱汁，食用时可蘸少许增味。

214 脆皮丝瓜

| 材料 ingredient |

A 丝瓜 …………………… 600克
B 中筋面粉 …………… 7大匙
　淀粉 …………………… 1大匙
　色拉油 ………………… 1大匙
　泡打粉 ………………… 1小匙
　水 ……………………… 85毫升

| 做法 recipe |

1. 丝瓜去皮、去籽切长条，沾适量淀粉（分量外）备用。
2. 将材料B混合拌匀成面糊备用。
3. 将丝瓜沾上面糊，放入油温约140℃的油锅中，炸至外观呈金黄色后捞起装盘即可。

215 脆皮地瓜

| 材料 ingredient |

去皮地瓜 ……………… 300克
脆浆粉 ………………… 1碗
水 ……………………… 1.5碗
色拉油 ………………… 1大匙

| 调味料 seasoning |

胡椒盐 ………………… 适量

| 做法 recipe |

1. 地瓜切成2厘米厚的片，泡水略洗沥干备用。
2. 在脆浆粉中分次加入水拌匀，再加入色拉油搅匀。
3. 将地瓜片沾裹脆浆，放入油温约120℃的油锅中以小火炸3分钟，再转大火炸30秒捞出沥油盛盘。
4. 食用时搭配胡椒盐即可。

Tips料理小秘诀

炸地瓜裹粉很重要，脆浆粉里加点油，炸起来会酥酥的，但也不能加太多，免得裹粉过稀会无法包裹住食材。

216焦糖拔丝地瓜

| 材料 ingredient |

A 地瓜……………250克
　黑芝麻……………适量

B 细砂糖……………50克
　麦芽………………40克
　水……………30毫升

Tips料理小秘诀

地瓜沾裹焦糖前，可在桌上铺上湿毛巾，并将煮好的焦糖锅放在毛巾上，使温度稳定。

| 做法 recipe |

1. 地瓜洗净去皮后，切适当大小的块备用。
2. 热一油锅，烧热至油温的160℃时，将地瓜块放入锅中油炸至较软，再将油烧热至油温约180℃，将地瓜块炸至酥脆后，盛起沥油备用。
3. 另取一锅，于锅中放入材料B，煮成焦糖液熄火。
4. 再将炸好的地瓜块放入锅中均匀地裹上焦糖液。
5. 取一盘，于盘中涂上薄薄的色拉油后，放入已裹焦糖的地瓜块，再撒上黑芝麻后待冷却即可。

217 炸薯条

| 材料 ingredient |

地瓜………………………200克
低筋面粉…………………50克
乳酪粉……………………10克

| 调味料 seasoning |

盐…………………………适量
番茄酱……………………适量

| 做法 recipe |

1. 将地瓜洗净并切粗条，泡入水中去除多余淀粉后捞起沥干水分备用。
2. 低筋面粉、乳酪粉混合好的一起过筛后备用。
3. 将地瓜条均匀沾裹上混合好的面粉后，再用筛网筛除多余的粉备用。
4. 热一油锅，待烧热至油温约160℃后，将裹上面粉的地瓜条放入锅中油炸至稍软后，再将油烧热至油温约190℃，将地瓜条炸酥后捞起沥油备用。
5. 趁热撒上适量盐即可，食用时亦可蘸番茄酱。

218 薯饼

| 材料 ingredient |

土豆………………………400克
低筋面粉…………………适量
鸡蛋…………………………1个
面包粉……………………适量

| 调味料 seasoning |

盐…………………………少许
胡椒粉……………………少许
奶油………………………25克

| 做法 recipe |

1. 土豆洗净并沥干水分后蒸熟，取其中200克切角丁状，剩下200克压成泥后拌匀，再加入所有调味料将土豆丁及土豆泥一起拌匀；鸡蛋打散备用。
2. 再将拌均匀的土豆丁、土豆泥分成数等份，整成椭圆形薯饼，备用。
3. 将薯饼依序均匀地沾裹上低筋面粉、鸡蛋、面包粉。
4. 热一油锅，待烧热至油温约180℃后，将薯饼放入油锅中炸熟至酥脆，捞起并沥油盛盘即可。

219 炸芋球

| 材料 ingredient |

芋头……………………300克
牛肉泥…………………100克
洋葱……………………1/2个

| 调味料 seasoning |

盐……………………少许
低筋面粉………………适量

| 做法 recipe |

1. 芋头去皮、切片，放入蒸笼中以大火蒸至熟软，取出捣成泥；洋葱洗净切末，备用。
2. 将牛肉泥、洋葱末、盐加入捣好的芋泥中，再加低筋面粉搅拌均匀。
3. 把拌好的芋泥捏成芋球，表面沾裹低筋面粉，备用。
4. 取一油锅，加热至油温约180℃，放入芋球炸至表面呈金黄色，捞起沥油即可。

220 油炸绿西红柿

| 材料 ingredient |

A
绿西红柿片……………200克
色拉油…………………适量
B
鸡蛋……………………1个
面粉……………………200克
地瓜粉…………………50克
油………………………1大匙

| 做法 recipe |

1. 材料B混合拌匀，将绿西红柿片放入其中使其均匀沾裹。
2. 取锅，加入2大匙油烧热至油温约180℃后，放入绿西红柿片以大火炸熟至外观呈金黄色，捞起沥油备用。
3. 可搭配番茄酱一同食用。

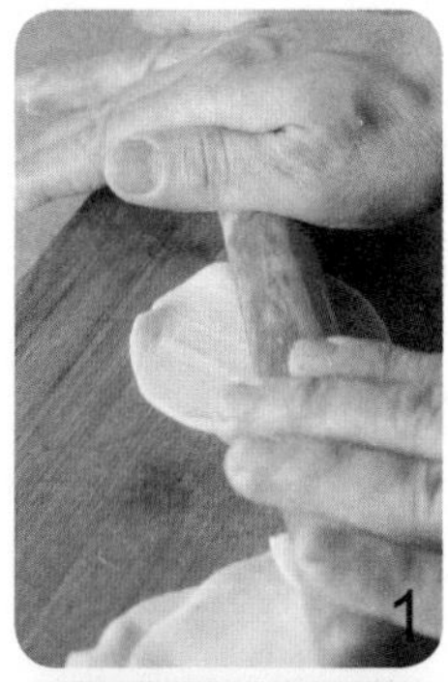

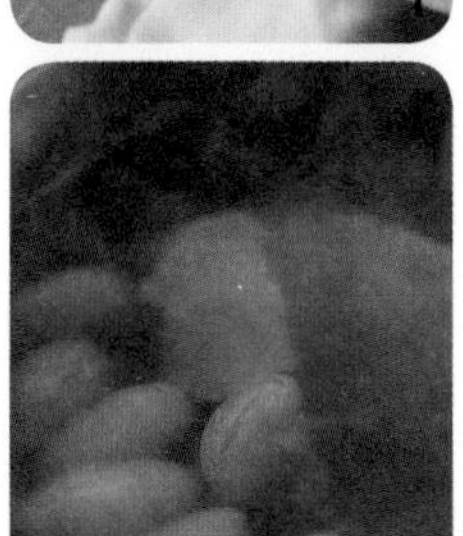

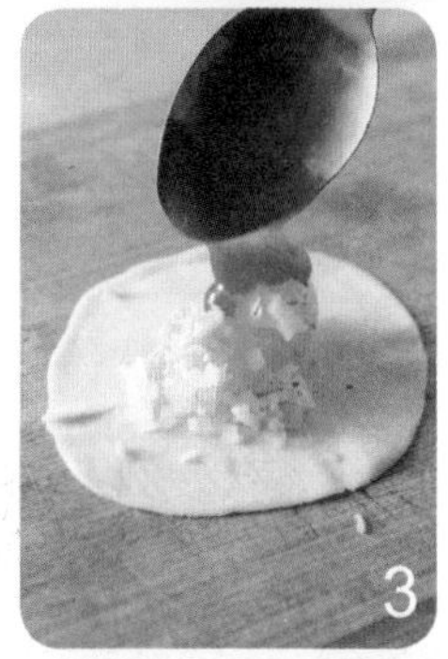

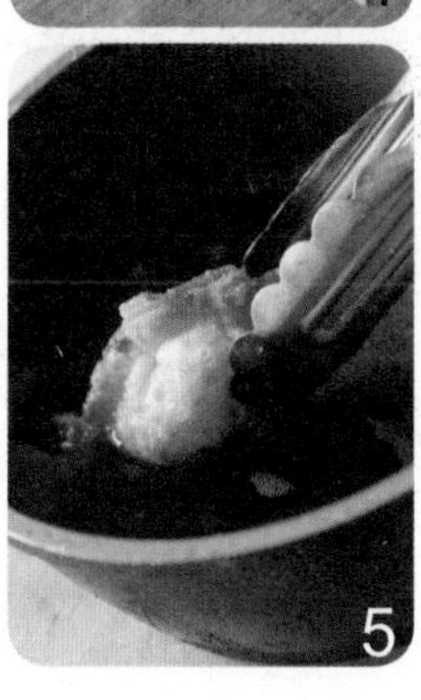

221 炸奶酪西红柿饺

| 材料 ingredient |

水饺皮……………………6片
黄圣女果…………………6个
奶酪丝……………………30克
洋葱末……………………10克
色拉油……………………适量

| 调味料 seasoning |

意大利什锦香料
……………………………1/4小匙
番茄酱……………………1大匙

| 做法 recipe |

1. 将水饺皮以擀面棍擀成薄片备用（见图1）。
2. 黄圣女果洗净，放入沸水中汆烫去皮备用（见图2）。
3. 取一片擀好的水饺皮，放入去皮后的黄圣女果、奶酪丝、洋葱末，加入少许番茄酱，意大利综合香料，将饺子皮包好捏出折口备用（见图3~4）。
4. 取锅，加入2大匙油烧热至油温约180℃后，放入包好的饺子，以大火炸至外观呈金黄色，捞起沥油即可（见图5）。

Tips料理小秘诀

新鲜西红柿多汁，又略带酸甜的口感，包在饺子皮中、入锅油炸后，无论是当点心或正餐食用，吃起来不仅不油腻，还带有特殊的酸甜口感，非常适合在家制作。

222 酥炸嫩芹花

| 材料 ingredient |

A

西芹花叶……………………100克

B

盐……………………………1/4小匙

鸡蛋……………………………1个

面粉…………………………3大匙

| 做法 recipe |

1. 将材料B拌匀，放入洗净的西芹花叶，均匀沾裹粉浆。
2. 将裹浆的西芹花叶放入加热至油温约170℃的油锅中，以小火炸酥即可。

223 啤酒咖喱酥炸西蓝花

| 材料 ingredient |

A 西蓝花300克、啤酒200毫升、油1大匙

B 美式奶酪酥炸粉3大匙、蛋黄粉1大匙

| 调味料 seasoning |

盐1/4小匙、胡椒粉1/4小匙、黄咖喱粉1/2大匙

| 做法 recipe |

1. 将啤酒、油、所有调味料与所有材料B制成粉浆。
2. 西蓝花均匀裹上薄薄一层粉浆。
3. 热油锅，以中大火烧热至油温约230℃，放入裹好粉浆的西蓝花炸2~3分钟至熟，取出沥油即可。

224 奶汁炸玉米球

| 材料 ingredient |

A

罐装玉米粒……………150克
色拉油……………………适量

B

低筋面粉…………………3大匙
椰奶………………………2大匙
盐………………………1/4小匙
细砂糖…………………1/4小匙

| 做法 recipe |

1. 玉米粒沥干水分备用。
2. 将材料B放入大碗中调匀，放入玉米粒拌匀成玉米糊备用。
3. 热锅倒入适量油烧热至油温约180℃，将玉米糊捏成球，依序放入油锅以中火油炸至外表呈金黄色，捞出沥油即可。

225 蜂巢玉米

| 材料 ingredient |

罐头玉米粒……………100克
淀粉浆……………………1.5杯
二砂糖……………………2大匙
色拉油………………500毫升

| 做法 recipe |

1. 取一油炸锅，倒入约500毫升色拉油（油不可超过锅子1/3的深度，否则炸时油会溢出），加热至油温约180℃。
2. 将1杯淀粉浆与玉米粒混合备用。
3. 将另外1/2杯淀粉浆均匀淋入油锅中，持续以中火炸至粉浆浮起，再将混合好的玉米粒粉浆分次均匀淋至浮起的粉浆上。
4. 炸约1分钟至酥脆后捞出盛盘，撒上二砂糖即可。

226 香酥菱角

| 材料 ingredient |

A

生菱角仁……………… 300克
色拉油 …………………… 适量

B

面粉……………………… 80克
玉米粉 …………………… 20克
蛋黄…………………………2个
水 …………………… 100毫升

| 做法 recipe |

1. 生菱角仁洗净沥干水分，放入电锅内锅，外锅加1杯水（或放入蒸锅中，约蒸30分钟）蒸熟备用。
2. 将材料B放入钢盆，用刮面刀混合搅拌均匀制成面糊。
3. 锅中注入半锅油，加热至油温约150℃时，将蒸熟的菱角仁沾上面糊，放入锅中炸至表面呈金黄色捞起盛盘即可。食用时可蘸番茄酱、蜂蜜、胡椒盐等。

快食手剥法

要如何剥除看起来坚硬的菱角壳呢？通常蒸熟后用手剥开就可以吃（如图所示），也有用牙齿由中间咬开，再由细孔中挖出菱角仁来吃的。如果是生菱角的话，可以用专门的菱角剥壳器去壳，市面上也有卖美美又完整的已去好壳的菱角仁，可供忙碌的现代人选择！

熟练之后，一下子就能有这些成果了。

看起来黑黑硬硬的，好像不好应付。

两头尖尖的菱角，仿佛是顽皮的笑脸。

剥开后白胖胖的模样真是可爱。

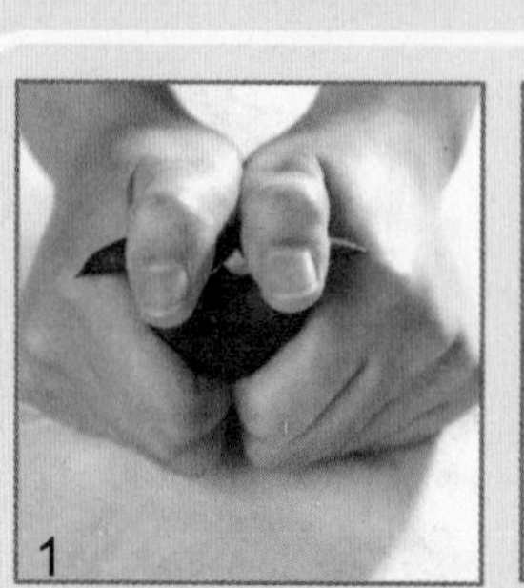

1 用两手的拇指各扳住菱角的一端。

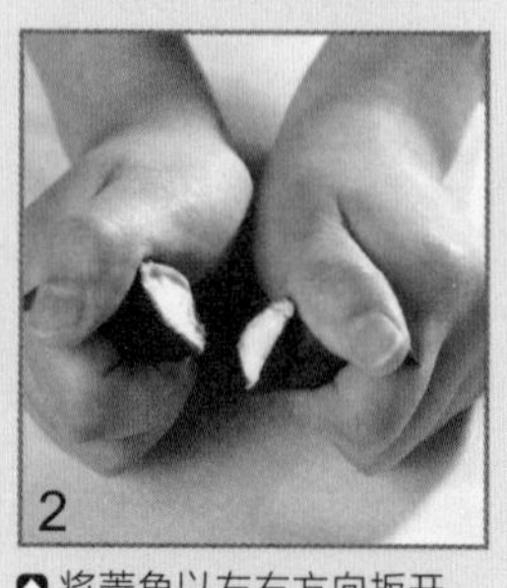

2 将菱角以左右方向扳开，就可看到白色果实了。

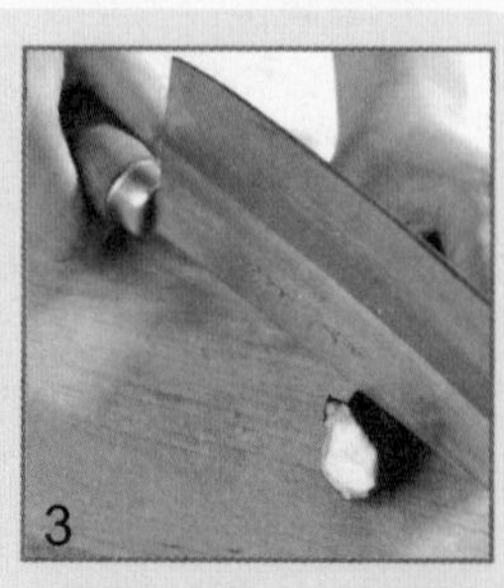

3 再用刀子拍一下1/3尾端处，害羞的菱角就脱壳而出啦！

227 蜜汁菱角

| 材料 ingredient |

生菱角仁……………… 300克
熟白芝麻………………… 少许
淀粉……………………… 少许
蜂蜜………………………1大匙
水 ……………………… 120毫升

| 酱汁 Sauce |

二砂糖 ……………………1大匙
麦芽糖 ……………………1大匙
酱油…………………… 1/2大匙
白醋……………………… 少许

| 做法 recipe |

1. 生菱角仁洗净沥干水分，放入电锅内锅，外锅加1杯水（或放入蒸锅中，约蒸30分钟）蒸熟备用。
2. 将菱角沾上淀粉，再放入油温约150℃油锅中，炸1~2分钟捞起沥干油分。
3. 钢锅中放入水、酱汁材料以小火煮至浓稠状制成蜜汁，再倒入蜂蜜，放入菱角仁沾裹蜜汁，撒上熟白芝麻即可。

228 奶油焗白菜

| 材料 ingredient |

包心白菜1/2颗（约350克）、虾米1小匙、蟹肉棒2支、奶油2小匙、面粉1大匙、蒜末1/2小匙、奶水（奶粉1大匙＋水3大匙）、鲜奶油4大匙、水120毫升、色拉油1大匙

| 调味料 seasoning |

盐1小匙、糖1/2小匙

| 做法 recipe |

1. 包心白菜洗净，剥下叶片切段；虾米洗净；蟹肉棒撕成丝状。
2. 热锅，加入奶油，放入面粉，以小火略拌炒后盛出备用。原锅中加入1大匙色拉油，放入虾米和蒜末，以小火炒2分钟，再放入包心白菜叶，炒至熟软，加入1/2小匙盐炒匀后盛出沥干水分。
3. 另取锅，加入水和剩余的1/2小匙盐、奶水，煮沸后关火，缓缓加入做法2炒好的奶油面糊，并不间断地快速搅拌至其散开糊化，再加入鲜奶油即制成白酱，留约4大匙于锅底，其余盛出。
4. 锅中放入蟹肉棒丝和包心白菜拌匀后盛入烤盅内，再淋上盛出的白酱，待凉后放入冰箱冷藏至冰凉。
5. 烤箱预热至180℃，将冰凉的奶油包心白菜置于烤盘中，盘底加约盘底高度1/4深的水，以180℃的温度烤至表面呈金黄色即可。

229 千层时蔬

| 材料 ingredient |

A
茄子……………………200克
西红柿…………………1/2个
土豆……………………1个
洋葱……………………1/4个
青辣椒…………………1/4个
红甜椒…………………1/4个
蘑菇……………………5朵
板条……………………2片
奶酪条…………………50克
色拉油…………………3小匙
B
白酱……………………1杯

| 调味料 seasoning |

欧芹末…………………1/2小匙
奶酪粉…………………1/2小匙

白酱

材料：
水…………1大匙
鲜奶油……1大匙
油酥………1大匙

做法：
热锅，加入水、鲜奶油以小火煮至滚沸，再加入油酥炒匀即可。

| 做法 recipe |

1. 茄子、西红柿洗净切片；土豆削去外皮，洗净并切片；洋葱剥除外皮后切丁；蘑菇洗净切片；青辣椒、红甜椒去子切小块，板条对切成4片，备用。
2. 热一平底锅，倒入1小匙油，将茄子、西红柿、土豆分别放入锅中，以小火煎至表面略焦时即起锅备用（见图1~2）。
3. 另热一锅，加入2小匙油，爆香洋葱丁、蘑菇片、青辣椒及红甜椒丁，再加入白酱炒成面糊（见图3~5）。
4. 取一烤盘，先铺入板条作底，再依序铺上面糊、茄子、西红柿、板条、面糊、土豆，最后撒上奶酪条即为千层面皮（见图6）。
5. 烤箱预热至200℃，将千层面皮连同烤盘放入烤箱中烤约8分钟，至表面焦黄时取出，食用前撒上调味料即可。

230 奶油焗烤南瓜

| 材料 ingredient |

南瓜……………………200克
奶酪丝…………………50克

| 调味料 seasoning |

奶油白酱………………3大匙

| 做法 recipe |

1. 南瓜洗净沥干，对切去籽后，切长条，放入沸水中煮熟，捞起沥干，装入容器中。
2. 淋入奶油白酱，撒上奶酪丝，放入预热烤箱中，以上火250℃、下火100℃的温度烤约3分钟至表面呈金黄色即可。

奶油白酱

材料：
无盐奶油60克、低筋面粉60克、鲜奶960毫升、盐适量

做法：
1. 取深锅，将无盐奶油放入锅中以小火煮融化。
2. 将低筋面粉放入锅中，用打蛋器将其均匀搅拌至呈面糊状。
3. 将鲜奶加热后倒入锅中，用力搅拌直至无颗粒。
4. 以小火煮至持续滚沸2～3分钟即关火，继续搅拌至呈黏稠状，加盐调味即可。

231 焗烤南瓜

| 材料 ingredient |

南瓜300克、牛奶100毫升、水100毫升、葡萄干10克、乳酪丁30克

| 调味料 seasoning |

美奶蛋黄酱50克

| 做法 recipe |

1. 南瓜洗净，带皮切成适当大小的块块，水一同煮至滚沸，再加入牛奶煮至南瓜变软，取出沥干；葡萄干泡水至软，捞起沥干，备用。
2. 将煮软的南瓜块放入烤盘中，加入美奶蛋黄酱，均匀撒上乳酪丁及葡萄干。
3. 将烤盘放入已预热的烤箱中，以200℃的温度烤约15分钟至表面上色即可。

美奶蛋黄酱

材料：
蛋黄酱100克、蛋黄1个
做法：
将所有材料充分拌匀即可。

232 味噌酱焗圆白菜

| 材料 ingredient |

圆白菜……………………200克
胡萝卜……………………20克
鲜香菇……………………2朵
葱……………………1根

| 调味料 seasoning |

A 味噌2大匙、糖1大匙、香油1小匙、米酒1大匙、水3大匙
B 奶酪丝30克

| 做法 recipe |

1. 将圆白菜切成大块；胡萝卜、鲜香菇洗净切片；葱洗净切段备用。
2. 取一容器，把调味料A放入容器中，并搅拌均匀。
3. 将处理好的材料放入烤皿中，淋上搅拌好的调味料A，再撒上调味料B的奶酪丝。
4. 烤箱先预热至180℃，再将烤皿放入烤箱中，烤约10分钟至奶酪丝融化即可。

233 焗烤西红柿盅

| 材料 ingredient |

红西红柿……………………2颗
黄西红柿……………………2颗
肉末……………………50克
奶酪丝……………………20克

| 调味料 seasoning |

意大利什锦香料……1/4小匙
盐……………………1/4小匙

| 做法 recipe |

1. 取容器，将肉末、调味料和奶酪丝放入混合拌匀制成馅料。
2. 红西红柿和黄西红柿洗净沥干，横切掉蒂头，将中间的果肉挖空，再填入馅料，放至烤盘上。
3. 先将烤箱预热，将烤盘放入，以上火180℃、下火150℃的温度烤约5分钟至熟后取出。

234 焗烤什锦鲜蔬

| 材料 ingredient |

西蓝花……………………100克
菜花………………………50克
鲜香菇……………………2朵
蘑菇………………………50克
小胡萝卜…………………30克
奶酪丝……………………30克

| 调味料 seasoning |

奶油白酱…………………4大匙
（做法见P162）

| 做法 recipe |

1. 西蓝花、菜花洗净沥干，切成小朵，放入沸水中烫熟，捞起沥干水分。
2. 鲜香菇洗净沥干，去蒂切片，放入沸水中烫熟，捞起沥干水分。
3. 蘑菇洗净沥干；小胡萝卜洗净沥干。
4. 将做法1、做法2、做法3中的材料和奶油白酱混合搅拌，盛入容器中，撒上奶酪丝，放入预热烤箱中以上、下火各180℃的温度烤约10分钟至表面呈金黄色即可。

235 焗烤香菇西红柿片

| 材料 ingredient |

香菇片……………………300克
西红柿片…………………200克
奶酪丝……………………100克

| 调味料 seasoning |

鸡蛋………………………1个
牛奶………………………200毫升

| 做法 recipe |

1. 将调味料混合拌匀。
2. 将香菇片和西红柿片整齐排入焗烤盘中，淋上拌匀的调味料，撒上奶酪丝备用。
3. 将焗烤盘放入已预热的烤箱中，以上火180℃、下火150℃的温度烤约10分钟至熟后取出。

236 茄汁肉酱焗烤杏鲍菇

| 材料 ingredient |

杏鲍菇……………………200克
奶酪丝……………………30克

| 调味料 seasoning |

茄汁肉酱………………2大匙

| 做法 recipe |

1. 杏鲍菇洗净沥干，纵向切厚片，和调味料混合拌匀，装入容器中。
2. 撒上奶酪丝，放入已预热的烤箱中，以上火200℃、下火150℃的温度烤约10分钟至表面呈金黄色即可。

茄汁肉酱

材料:
牛肉泥300克、猪肉泥300克、西红柿配司350克、蒜碎10克、洋葱碎50克、西芹碎50克、胡萝卜碎30克、香叶1片、红酒250毫升、牛高汤2000毫升、橄榄油1大匙、盐适量、胡椒粉适量

做法:
1. 取一深锅，倒入橄榄油加热后，放入蒜碎以小火炒香，再放入洋葱碎炒至软化，最后放入西芹碎及胡萝卜碎炒软。
2. 锅中放入牛肉泥、猪肉泥炒至干松后，放入香叶、红酒以大火煮沸让酒精蒸发。
3. 转小火，放入西红柿配司、牛高汤继续熬煮约30分钟至汤汁收干约剩2/3量时，加盐、胡椒粉调味即可。

237 奶油土豆

|材料 ingredient|

土豆……………………300克
蒜仁……………………2瓣
洋葱末…………………100克

|调味料 seasoning|

奶油……………………20克
牛奶……………………250克
盐………………………少许
胡椒粉…………………少许
鸡粉……………………3克
乳酪粉…………………20克
青海苔粉………………适量

|做法 recipe|

1. 土豆洗净去皮切约0.4厘米厚的圆片，浸泡冷水去除多余淀粉，捞起沥干水分；蒜仁切成末，备用。
2. 起一锅烧热，放入奶油待其融化后，将蒜末及洋葱末放入锅中炒香。
3. 加入土豆片炒匀，再加入牛奶煮沸，转小火煮至土豆变软，再加入盐、胡椒粉、鸡粉一起煮入味。
4. 取一烤盘，于烤盘中均匀地涂上薄薄的奶油（分量外），将炒好的土豆放入烤盘中，再撒上乳酪粉，移入已预热好的烤箱中，以220℃的温度烤至上色即可取出。
5. 撒上适量的青海苔粉即可。

238 培根焗烤土豆

| 材料 ingredient |

培根末……………………2克
土豆……………………200克
奶酪丝……………………10克
葱末……………………少许

| 调味料 seasoning |

奶油白酱…………………1大匙
（做法见P162）

| 做法 recipe |

1. 土豆洗净后，以锡箔纸包裹住，放入预热的烤箱中以180℃的温度烤约30分钟至熟。
2. 将用锡箔纸包裹的土豆，以划开十字形口，将开口略挤开，淋上奶油白酱，加入培根末和奶酪丝。
3. 放入预热烤箱中，以上火180℃、下火100℃的温度烤约5分钟至表面呈金黄色取出，撒上葱末即可。

239 焗烤双色甜薯

| 材料 ingredient |

土豆200克、地瓜200克、奶酪丝200克

| 调味料 seasoning |

奶油1大匙、动物鲜奶油200毫升、盐1/4小匙、高汤100毫升、中筋面粉2大匙

| 做法 recipe |

1. 土豆、地瓜洗净，去皮后切片，放入蒸锅中蒸熟备用。
2. 奶油放入锅中烧融，加入中筋面粉以小火炒出香味，倒入动物鲜奶油与高汤拌匀后煮开，最后加盐调匀即制成白酱，备用。
3. 将蒸熟的土豆片排入焗烤盘中，淋入一半的白酱，再排入熟地瓜片，淋入剩余的白酱，均匀撒上奶酪丝，移入预热好的烤箱，以上火、下火均180℃的温度烘烤约10分钟至表面呈金黄色即可。

备注：土豆和地瓜如果选用薄皮的品种，就可以不去皮。

240 意式焗烤西红柿茄子

| 材料 ingredient |

西红柿200克、茄子100克、九层塔叶5克、奶酪丝50克、面包粉20克

| 调味料 seasoning |

西红柿红酱3大匙

| 做法 recipe |

1. 西红柿洗净沥干，切去蒂头，横切片备用。
2. 茄子洗净沥干，切去蒂头，横切片备用。
3. 铺一层西红柿片至容器盘底，涂上1大匙西红柿红酱，铺上一层茄子片，再铺上九层塔叶，再涂上2大匙西红柿红酱，最后铺上剩下的西红柿片和茄子片，先撒上奶酪丝，再撒面包粉。
4. 放入已预热的烤箱中，以上火180℃、下火100℃的温度烤约5分钟至表面呈金黄色，撒上欧芹末（分量外）即可。

西红柿红酱

材料：
整粒西红柿1罐（约411克包装）、蒜碎10克、洋葱碎50克、香草束1束、帕玛森奶酪粉100克、橄榄油1大匙、盐适量

做法：
1. 将整粒西红柿去籽、捏碎后，以滤网过滤，保留汤汁备用。
2. 取一深锅，倒入橄榄油加热，先放入蒜碎以小火炒香，再放入洋葱碎炒软后，放入香草束拌炒。
3. 将西红柿碎、西红柿汁一起加入锅中，以小火熬煮15～20分钟至汤汁收干约剩2/3量时，加入帕玛森奶酪粉拌匀，并以盐调味即可。

241 葡汁焗时蔬

| 材料 ingredient |

胡萝卜……………………50克
四季豆……………………50克
西蓝花……………………100克
洋葱………………………1/2个
奶油………………………1小匙
蒜末………………………1/2小匙
鲜奶油……………………3大匙
玉米粉水…………………1小匙
水…………………………100毫升

| 调味料 seasoning |

色拉油……………………1小匙
咖喱粉……………………1小匙
盐…………………………1/2小匙
鸡粉………………………1/4小匙
糖…………………………1/4小匙

Tips料理小秘诀

通常玉米粉与淀粉的功用类似，主要用于帮助肉质柔软和汤汁勾芡。但是淀粉的勾芡汤汁在放凉后会变得比较稀，称为“还水”，而玉米粉勾芡还水现象不明显。所以如果是制作西点或是派、塔等，以玉米粉为主。而这道焗烤料理需要浓稠些的效果，所以选用玉米粉勾芡。

| 做法 recipe |

1. 将所有食材洗净。胡萝卜切片；洋葱切块；四季豆对半切断；西蓝花切小朵并削去粗皮（见图1~2）。
2. 将处理的胡萝卜片、四季豆、西蓝花放入沸水中略汆烫，捞出浸泡于冷开水中备用（见图3）。
3. 热锅，加入调味料中的色拉油和咖喱粉，开小火略拌炒（见图4），再放入奶油、蒜末、洋葱块，以小火拌炒1分钟。
4. 锅中加入水、盐、鸡粉和糖，并放入汆烫过凉水的蔬菜，煮约2分钟后加入鲜奶油，待滚沸后加入玉米粉水勾芡即可（见图5~6）。

1

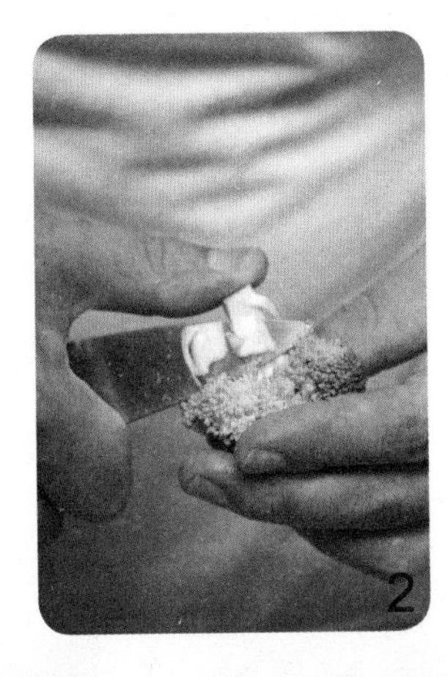
2

3

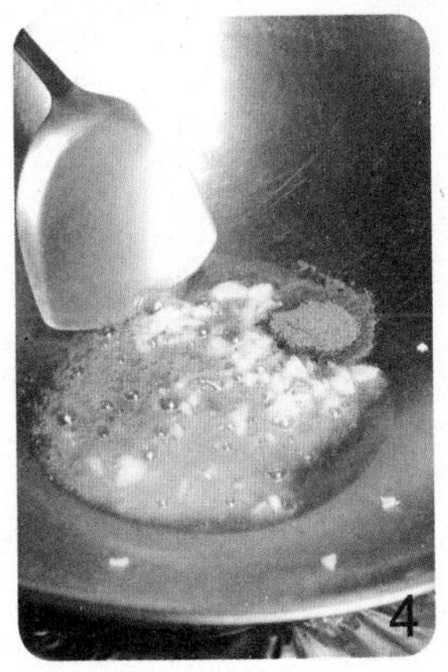
4

5

6

242 蒜香烤圆茄

| 材料 ingredient |

圆茄……………………… 100克

| 调味料 seasoning |

蒜末………………………1大匙
洋葱末 ……………… 1/4小匙
匈牙利红椒粉……… 1/4小匙
橄榄油 ……………………1大匙

| 做法 recipe |

1. 圆茄洗净，切成圆形厚片，排入烤网中备用。
2. 将所有调味料拌匀，抹在圆茄厚片上，以碳烤炉烘烤至表面呈金黄色即可。

243 奶油烤丝瓜

| 材料 ingredient |

丝瓜……………………… 400克
奶酪丝 …………………100克

| 调味料 seasoning |

奶油………………………1大匙
中筋面粉…………………1大匙
动物性鲜奶油……… 200毫升
高汤…………………… 200毫升
盐 ……………………… 1/4小匙

| 做法 recipe |

1. 丝瓜洗净去皮切片，排入焗烤盘中备用。
2. 奶油放入锅中烧融，加入中筋面粉以小火炒出香味，倒入动物性鲜奶油与高汤拌匀后煮开，最后加盐调匀制成白酱备用。
3. 将白酱淋入焗烤盘中，均匀撒上奶酪丝，移入预热好的烤箱，以上火、下火均为250℃的温度烘烤约10分钟至表面呈金黄色即可。

244 洋葱蘑菇焗烤丝瓜

| 材料 ingredient |

丝瓜200克、奶酪丝50克、洋葱蘑菇酱2大匙

| 做法 recipe |

1. 丝瓜洗净去皮去籽，切条，放入沸水中汆烫至熟，捞起沥干。
2. 将丝瓜条和洋葱蘑菇酱拌匀，装入烤盅内，撒上奶酪丝，放入预热烤箱中，以上火250℃、下火100℃的温度烤约5分钟至呈金黄色即可。

洋葱蘑菇酱

材料：
奶油1大匙、蒜碎10克、红葱头碎20克、蘑菇丁80克、番茄酱1大匙、高汤500毫升、玉米粉1大匙、水1大匙、盐适量
调味料：
意大利香料粉5克、干洋葱片50克

做法：
取锅加入奶油小火煮融，放入蒜碎、红葱头碎以小火炒香。加入蘑菇丁炒软，加入调味料炒香，再倒入高汤和番茄酱煮20分钟。接着将玉米粉和水拌匀，倒入锅中勾芡，再加盐调味即可。

245 焗烤西蓝花

| 材料 ingredient |

西蓝花……200克
菜花……150克
小胡萝卜……20克

| 调味料 seasoning |

蛋黄酱……50克
蛋黄……1颗

| 做法 recipe |

1. 西蓝花、菜花洗净沥干，分切成小朵；小胡萝卜洗净沥干。将前述材料放入沸水中，汆烫至熟后，捞起沥干备用。
2. 将调味料混合拌匀后，装入挤花袋中。
3. 将烫熟的西蓝花、菜花、小胡萝卜排入容器中，并将调味料以画线条的方式挤在食材上，放入预热烤箱中，以上火250℃、下火100℃的温度烤约5分钟至表面略呈金黄色即可。

备注：如果家中没有挤花袋，也可以使用塑料袋装调味料，剪出适当大小的洞口，即可轻松挤出线条。

246 奶油焗烤绿竹笋

| 材料 ingredient |

绿竹笋……………………………1支

| 调味料 seasoning |

奶油白酱…………………… 2大匙（做法见P162）

蛋黄………………………………1个

| 做法 recipe |

1. 绿竹笋洗净沥干，纵向对切，将中间挖空后切小块，以小火煮熟，捞起沥干。
2. 将煮熟的笋块和调味料混合拌匀，填入挖空的笋壳中。
3. 放入预热的烤箱中，以上火230℃、下火100℃的温度烤约10分钟至表面呈金黄色即可。

247 焗烤洋葱圈

| 材料 ingredient |

紫洋葱……………………50克
白洋葱……………………50克
红甜椒圈…………………2个
黄甜椒圈…………………1个
奶酪丝……………………30克

| 调味料 seasoning |

茄汁肉酱………………2大匙
（做法见P166）

| 做法 recipe |

1. 紫洋葱和洋葱洗净沥干，切去头尾，再横切圈状备用。
2. 将紫洋葱圈、白洋葱圈和红甜椒圈、黄甜椒圈放入容器中，淋上茄汁肉酱，撒上奶酪丝。
3. 放入预热的烤箱中，以上火180℃、下火100℃的温度烤约5分钟至表面呈金黄色即可。

248 法式芥末籽酱焗玉米笋

| 材料 ingredient |

玉米笋…………………200克

| 调味料 seasoning |

法式芥末籽酱…………1大匙
蛋黄酱…………………2大匙

| 做法 recipe |

1. 玉米笋洗净，放入沸水中汆烫至变色，捞出沥干水分，放入焗烤盅内备用。
2. 将所有调味料拌匀后，均匀淋入玉米笋上，放入预热好的烤箱，以250℃的温度烤约5分钟至表面呈金黄色即可。

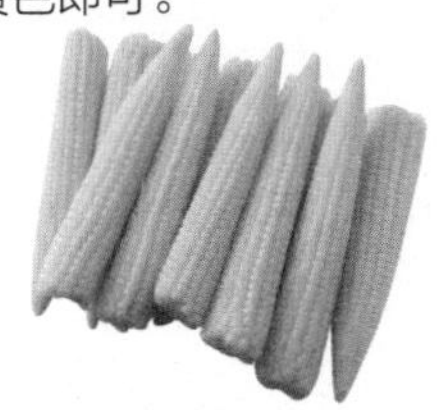

249 培根玉米烧

| 材料 ingredient |

玉米……………………100克
培根…………………… 20克
奶油……………………1大匙
香菜末 ………………… 少许

| 做法 recipe |

1. 玉米洗净、切段；培根切碎，备用。
2. 将奶油、玉米段、培根碎包入锡箔纸中，放入预热好的烤箱中以200℃的温度烤约20分钟，取出后撒上香菜末即可。

250 茄汁肉酱焗西芹

| 材料 ingredient |

西芹……………………… 200克
奶酪丝 …………………… 50克

| 调味料 seasoning |

茄汁肉酱………………… 3大匙
（做法见P166）

| 做法 recipe |

1. 西芹洗净沥干，切段，放入沸水中汆烫至熟，捞起沥干，盛入容器中，加入茄汁肉酱，撒上奶酪丝。
2. 放入预热的烤箱中，以上火200℃、下火150℃的温度烤约5分钟至表面呈金黄色即可。

251 日式焗烤芦笋

| 材料 ingredient |

芦笋……………………… 200克

| 调味料 seasoning |

蛋黄酱 …………………… 50克
蛋黄…………………………1个

| 做法 recipe |

1. 芦笋洗净沥干，切成约5厘米的长段，放入沸水中汆烫至熟，捞起沥干备用。
2. 取部分芦笋排入容器中，淋入混合拌匀的调味料，再排入剩余的芦笋，放入预热的烤箱中，以上火180℃、下火100℃的温度烤约5分钟至表面呈金黄色即可。

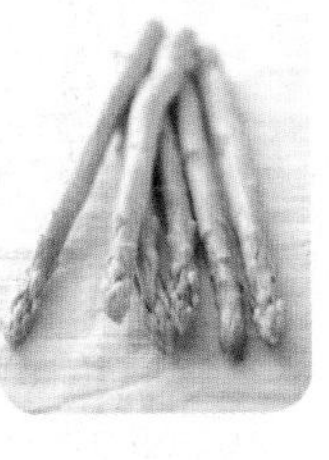

252 焗烤甜椒

|材料 ingredient|

黄甜椒……1个
红甜椒……1个
蒜末……5克
洋葱末……10克
鲜香菇……2朵
虾仁……50克
墨鱼……50克
火腿丁……30克
欧芹末……少许
奶油……10克

|调味料 seasoning|

A
乳酪丝……2大匙
蛋黄酱……1大匙
盐……少许
胡椒粉……少许
B
乳酪丝……少许

|做法 recipe|

1. 黄甜椒、红甜椒洗净，切去头部一小段，将籽挖出备用。
2. 虾仁洗净去肠泥切丁；墨鱼、鲜香菇洗净切丁，备用。
3. 将蒜末、洋葱末、虾仁丁、墨鱼丁、鲜香菇丁、火腿丁、奶油放入铝箔盒。
4. 将铝箔盒放进已预热的烤箱中，先以180℃的温度烤约5分钟。
5. 取出烤箱中的铝箔盒，加入调味料A混拌均匀，填入备好的甜椒中，表面撒上调味料B。
6. 将甜椒放入已预热的烤箱中，以180℃的温度烤约10分钟后，取出撒上欧芹末，再以180℃的温度继续烤约5分钟即可。

253 洋葱蘑菇焗茭白

| 材料 ingredient |

茭白························300克
胡萝卜······················30克
奶酪丝······················50克

| 调味料 seasoning |

洋葱蘑菇酱··············3大匙
（做法见P173）

| 做法 recipe |

1. 茭白切去尾部粗纤维，切滚刀块；胡萝卜洗净沥干，切滚刀块，一起放入沸水中汆烫至熟，捞起沥干盛入容器中。
2. 淋上洋葱蘑菇酱，撒上奶酪丝，放入预热的烤箱中，以上火200℃、下火100℃的温度烤约8分钟至表面呈金黄色即可。

254 照烧焗彩椒

| 材料 ingredient |

青辣椒100克、黄甜椒100克、红甜椒100克、胡萝卜30克、蒜仁30克

| 调味料 seasoning |

A 照烧酱2大匙、盐少许、黑胡椒粉少许
B 奶酪丝30克

| 做法 recipe |

1. 将青辣椒、红甜椒、黄甜椒都洗净沥干，再切成小块备用。
2. 将胡萝卜洗净切片；蒜仁洗净备用。
3. 取一个烤皿，加入所有处理后材料，再放入调味料A，以汤匙搅拌均匀后，撒上调味料B的奶酪丝。
4. 烤箱先预热至200℃，再将烤皿放入烤箱中，烤约10分钟至奶酪丝融化、上色即可。

拌烫蔬菜篇

拌烫蔬菜料理

简单快速的必学美味

利用沸水汆烫的方式处理蔬菜，
不仅可让蔬菜保留最初的原味，
更简化了繁复的烹调过程。

简单地加些调味即可，
讲究的可制作淋酱或拌酱，
更能增添蔬菜的美味。

拌烫蔬菜的美味秘诀

＊秘诀1＊
水一定要盖过蔬菜

在烫蔬菜时，水量以能够盖过蔬菜为宜，以免接触到水的蔬菜已经熟了，未接触水的蔬菜还未熟，导致蔬菜汆烫过久，影响口感。

＊秘诀2＊
烫蔬菜前先加少许盐和油

加盐的目的除了消除蔬菜特有的青味，也就是俗称的“杀青”，还能让蔬菜的颜色更翠绿，更重要的是，还可以带出蔬菜原有的清甜味。

＊秘诀3＊
等水滚沸时才放入

烫蔬菜时，一定要等到水全部滚沸时才放入，因为有些叶菜类的蔬菜不能久烫。烫蔬菜的时间，以蔬菜切块的大小与水量多寡来灵活处理，一般来说，叶菜类约汆烫30秒，根茎类30秒~2分钟。

＊秘诀4＊
捞起后泡冰水冰镇

放入冰水中冰镇的目的在于保持蔬菜的清脆口感，如果是容易变色的蔬菜，则可以泡入盐水中备用。

＊秘诀5＊
沥干后淋些许油

将冰镇后的蔬菜沥干水分盛盘时，可以加入少许油搅拌，目的在于保持蔬菜的翠绿，让蔬菜吃起来更美味。不过千万要记得别淋太多油，以免过于油腻。

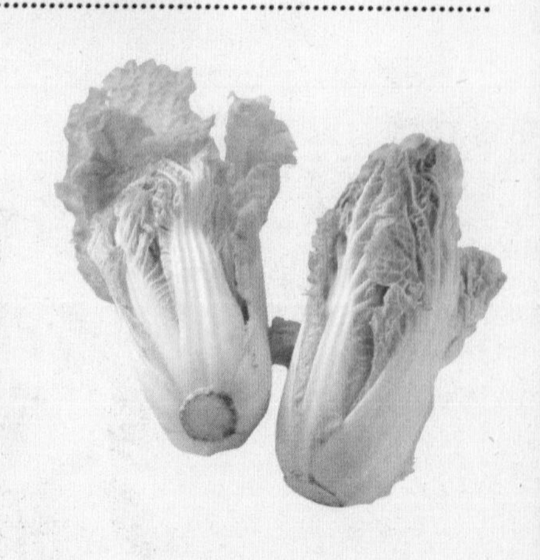

255 凯萨沙拉

|材料 ingredient|

生菜……100克
莫泽瑞拉奶酪……100克
烟熏鸡肉片……2大片
培根……3片
大蒜面包丁……50克
鳀鱼……6条
奶酪粉……1大匙
黑胡椒……少许

|酱汁 Sauce|

A
鳀鱼罐头……1罐
蒜末……1大匙
芥末籽……20克
梅林辣酱……100毫升
橄榄油……200毫升
白酒醋……20毫升
B
蛋黄酱……适量

|做法 recipe|

1. 将酱汁A用果蔬机打匀，拌入蛋黄酱调至适当浓稠度制成凯萨酱备用。
2. 将生菜洗净剥小块，在冰水中浸泡10分钟使口感爽脆，捞起沥干，与凯萨酱混拌均匀，装入盘中备用。
3. 将莫泽瑞拉奶酪切成条；鸡肉片切成适当大小；培根切小片，在锅中干烤至出油；大蒜面包丁放入烤箱烤至呈金黄色备用。
4. 将做法3中的所有材料铺在生菜上，放上鳀鱼，撒上奶酪粉、黑胡椒即可。

256 田园沙拉

| 材料 ingredient |

莴苣50克、小黄瓜50克、黄甜椒1/3个、红甜椒1/3个、苹果1/2个

| 调味料 seasoning |

葡萄干1小匙、奶酪粉1/2小匙、百香果酱汁1/2杯

| 做法 recipe |

1. 莴苣一片片剥开洗净后，以手撕成小片；小黄瓜洗净，切片；黄甜椒、红甜椒洗净，去籽，切成长条；苹果洗净，切薄片，并立刻泡入盐中水备用。
2. 将所有处理的材料沥干水分后，平铺于盘中，食用前依序淋上酱汁，撒上调味料即可。

百香果酱汁

材料:
百香果5个
调味料:
橄榄油2小匙、酸奶1小匙、柳橙汁1大匙

做法:
百香果对切，挖出果肉，放入果汁机中绞碎，再倒入碗中，与所有调味料一起搅拌均匀即可。

257 紫苏南瓜沙拉

| 材料 ingredient |

南瓜300克、细砂糖2大匙、豌豆芽少许、松子少许

| 酱汁 Sauce |

腰果50克、紫苏叶30克、九层塔30克、洋葱末50克、蒜末少许、胡椒粉少许、盐少许、橄榄油100毫升、奶酪粉20克

| 做法 recipe |

1. 将南瓜洗净，连皮切成2厘米见方的小丁，用温度约140℃的温油炸熟（筷子可以穿透的程度）后捞起沥干，趁热拌入细砂糖，再放入冰箱冷藏备用。
2. 将所有酱料材料用果汁机打匀成紫苏酱备用。
3. 食用时，将冰镇后的南瓜丁与洗净的豌豆芽装盘，加入适量的紫苏酱混拌均匀，撒上松子即可。

258 澄清乡村暖沙拉

| 材料 ingredient |

圆生菜100克、莴苣（绿莴苣及紫莴苣）150克、面包丁20克、圣女果120克、苜蓿芽5克

| 调味料 seasoning |

澄清奶油酱2大匙

| 做法 recipe |

1. 圆生菜、莴苣、圣女果、苜蓿芽洗净，沥干水分切片后，放入盘中；将面包丁放入烤箱中烤至上色备用。
2. 将澄清奶油酱淋在盘中的蔬菜上，最后再撒上烤过的面包丁即可。

澄清奶油酱

材料：
无盐奶油120克、盐适量、胡椒粉适量
做法：
取平底锅小火加热后，放入无盐奶油至其融化，再加入适量的盐和胡椒粉即可。

259 须苣沙拉

| 材料 ingredient |

须苣150克、鸡蛋1个、培根1片、土豆1/4个、红甜椒丁5克、芥末油醋汁适量

| 做法 recipe |

1. 须苣洗净沥干，切段备用；培根切块备用。
2. 鸡蛋煮熟后切成圆片；土豆煮熟切成小方丁备用。
3. 将须苣段、培根块、鸡蛋片、土豆丁放在沙拉盘内，淋上芥末油醋汁，再放入红甜椒丁作装饰即可。

芥末油醋汁

材料：
法式油醋汁260毫升（做法见P189）、市售法式芥末酱40克、洋葱末30克、柠檬皮10克、蒜泥10克
做法：
1. 将柠檬皮研磨成粉末备用。
2. 把所有材料一起混合搅拌均匀即可。

260 乳酪沙拉

| 材料 ingredient |

圆生菜100克、莴苣（绿莴苣及紫莴苣）150克、四季豆10克、黄甜椒20克、红甜椒20克、西红柿椒20克、莫泽瑞拉乳酪50克、橄榄油60毫升

| 调味料 seasoning |

醋20毫升、盐适量、胡椒粉适量

| 做法 recipe |

1. 圆生菜、莴苣洗净，沥干水分切片备用。
2. 黄甜椒、红甜椒、西红柿椒洗净切条；莫泽瑞拉乳酪切丁，备用。
3. 将圆生菜片、莴苣片、四季豆、黄甜椒条、红甜椒条、西红柿椒条混合均匀，撒上莫泽瑞拉乳酪丁。
4. 取一锅，放入橄榄油、醋、盐及胡椒粉拌匀后加热制成酱汁。
5. 将酱汁淋在做法3的蔬菜上即可。

261 法式烤玉米沙拉

| 材料 ingredient |

黄甜玉米……………… 200克
莴苣（绿莴苣及紫莴苣）
……………………………150克
圣女果…………………… 20克
欧芹碎……………………3克
高汤……………………200毫升

| 调味料 seasoning |

法式油醋汁…………… 2大匙
（做法见P189）

| 做法 recipe |

1. 莴苣洗净沥干切片后，与圣女果混合装盘备用。
2. 取一汤锅，放入高汤煮至滚沸，再放入黄甜玉米煮熟，取出，最后放入烤箱中以180℃烤5～8分钟至上色后，取出切成小段，再对剖成片。
3. 放入装有莴苣和圣女果的盘中，淋上法式油醋汁，撒上欧芹碎即可。

262 油醋西红柿

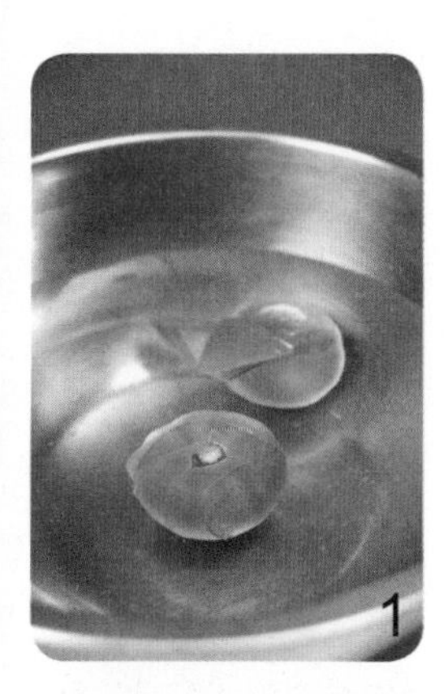

| 材料 ingredient |

西红柿……………………400克
小黄瓜……………………150克
油醋西红柿汁……………适量

| 做法 recipe |

1. 将西红柿洗净，切去蒂头，在底部切十字，先烫过再泡入冷水中去除外皮，然后切片排盘（见图1~3）。
2. 将小黄瓜斜切成6厘米长的条，也排入盘中，再淋上油醋西红柿汁拌匀即可（见图4）。

油醋西红柿汁

材料：
橄榄油3汤匙、红酒醋2汤匙、梅林辣酱油2小匙、九层塔丝2小匙、蒜碎2小匙、意大利香料1小匙、糖3小匙、盐1小匙、黑胡椒粉1小匙

做法：
将所有材料混合拌匀，即为油醋西红柿汁。

263 酸豆培根菠菜沙拉

| 材料 ingredient |

培根……20克
菠菜……200克
洋葱……50克
酸豆……15克
白酒……20毫升
白醋……20毫升
橄榄油……60毫升

| 做法 recipe |

1. 菠菜洗净，将每片叶片拭干水分，放入盘中备用。
2. 洋葱去膜切碎；培根切碎，备用。
3. 热一平底锅，放入橄榄油烧热，再放入洋葱碎、培根碎及酸豆拌炒至香味溢出。
4. 加入白酒、白醋继续拌炒至汤汁略收干。
5. 将汤汁淋在盘中的菠菜上拌匀即可。

264 法式乡村面包沙拉

1

| 材料 ingredient |

圆生菜……………………100克
莴苣………………………150克
乡村面包…………………2片

| 调味料 seasoning |

法式油醋汁 ……………3大匙

| 做法 recipe |

1. 圆生菜、莴苣洗净，沥干水分并切片；乡村面包略烤至热备用（见图1）。
2. 将烤过的乡村面包放在盘中，再将圆生菜、莴苣放在面包上，最后淋上法式油醋汁即可（见图2~4）。

法式油醋汁

材料：
白酒醋60毫升、第戎芥末酱10克、盐适量、胡椒粉适量、橄榄油180毫升

做法：
1. 取一大碗，放入白酒醋及适量的盐、胡椒粉拌匀。
2. 加入第戎芥末酱，再慢慢倒入橄榄油至白醋汁变稠后，搅拌均匀即可。

2

3

4

265 百汇拌时蔬

| 材料 ingredient |

腌熏肉片……………………30克
生菜…………………………50克
苜蓿芽………………………20克
紫甘蓝………………………15克
红甜椒………………………15克
洋葱末………………………20克

| 调味料 seasoning |

芥末籽酱……………………1大匙
盐…………………………1/8小匙
细砂糖………………………1小匙
橄榄油………………………1大匙
白酒醋………………………2小匙

| 做法 recipe |

1. 腌熏肉片切小片；生菜洗净剥小块；苜蓿芽洗净沥干水分；红甜椒及紫甘蓝洗净切丝，一起放入大碗中备用。
2. 将所有调味料拌匀成酱汁，淋至大碗中，加入洋葱末略拌匀即可。

266 德式土豆沙拉

| 材料 ingredient |

培根……………………… 30克
土豆………………………150克
洋葱碎 …………………… 20克
葱碎……………………… 20克
欧芹碎 …………………… 20克

| 调味料 seasoning |

芥末橄榄酱 …………… 3大匙
（做法见P195）

| 做法 recipe |

1. 培根切小丁；土豆洗净去皮，放入蒸锅中以中火蒸至熟后，取出切丁备用。
2. 热一平底锅，将培根丁炒脆，再加入洋葱碎炒至香味溢出时取出。
3. 将蒸熟的土豆丁与炒熟的洋葱，培根丁放在大碗中混合均匀，淋上芥末橄榄酱，再撒上葱碎及欧芹碎即可。

267 土豆沙拉

| 材料 ingredient |

土豆300克、小黄瓜80克、水煮蛋2个、圆生菜叶2片、火腿50克

| 调味料 seasoning |

蛋黄酱50克、黄芥末酱10克、牛奶15毫升

| 做法 recipe |

1. 土豆、小黄瓜均洗净并沥干水分，并将小黄瓜切约0.2厘米厚的圆片；将水煮蛋蛋白切成小丁、蛋黄弄成松散状；火腿切成小块；圆生菜叶洗净，备用。
2. 取一碗，将调味料全放入碗中一起拌匀后备用。
3. 将土豆放入沸水中煮熟后，取出并剥去外皮再压成泥备用。
4. 将小黄瓜片、水煮蛋白丁、水煮蛋黄末、火腿丁、土豆泥混合后，放入调味料一起拌均匀，备用。
5. 取一碗，于碗中铺上备好的圆生菜叶，再放上做法4的材料即可。

268 香茄热沙拉

| 材料 ingredient |

茄子………………………300克
欧芹……………………………1棵
色拉油……………………2大匙

| 调味料 seasoning |

柠檬汁……………………1大匙
盐……………………… 1/2小匙
黑胡椒粉…………… 1/2小匙
辣椒粉……………… 1/2小匙

| 做法 recipe |

1. 茄子洗净，切成约0.5厘米厚的圆片；欧芹切碎，备用。
2. 将柠檬汁与盐、黑胡椒粉、辣椒粉混合调匀成酱汁备用。
3. 热一平底锅，放入2大匙色拉油，放入茄子片，以中火将茄子两面各煎约1分钟至两面呈金黄色，取出沥油。
4. 取一盘，先放上煎熟的茄子片，再淋上酱汁，撒上欧芹碎即可。

269 西红柿沙拉

| 材料 ingredient |

圣女果…………………300克
洋葱末…………………150克
姜末……………………1大匙
红辣椒末………………1小匙
盐………………………1小匙
柠檬汁…………………1大匙
欧芹碎…………………1大匙
色拉油…………………2大匙

| 做法 recipe |

1. 小西红柿洗净沥干，对半切后，与洋葱末、姜末、红辣椒末、盐拌匀。
2. 热一平底锅，放入2大匙色拉油烧热，放入圣女果以小火炒至香味溢出。
3. 将圣女果取出摆盘，食用前滴入柠檬汁，撒上欧芹碎即可。

橙汁油醋酱

材料：
橙汁……………………60毫升
白酒醋…………………60毫升
橄榄油………………180毫升
盐……………………………适量
胡椒粉………………………适量

做法：

先将橙汁倒入碗中，慢慢加入白酒醋及适量的盐、胡椒粉和橄榄油充分搅拌即可。

意大利香料酱

材料：
意大利陈年酒醋……60毫升
百里香叶…………………少许
橄榄油………………180毫升
盐……………………………适量
胡椒粉………………………适量

做法：
1. 取平底锅小火加热后，加入陈年酒醋及适量的盐、胡椒粉和百里香叶略煮一下。
2. 加入橄榄油继续煮10～20秒即可。

黑橄榄油醋酱

材料：
黑橄榄…………………20克
白酒醋…………………60毫升
橄榄油………………180毫升
盐……………………………适量
胡椒粉………………………适量

做法：
1. 将黑橄榄切碎放入碗中。
2. 加入白酒醋及适量的盐、胡椒粉后，慢慢倒入橄榄油拌匀即可。

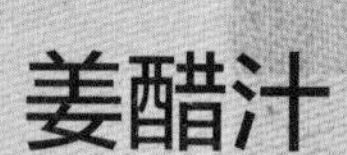

姜醋汁

材料：
白酒醋……………………60毫升
姜……………………………30克
砂糖…………………………适量
盐……………………………适量
胡椒粉………………………适量
橄榄油……………………180毫升

做法：
1. 姜切成小碎丁备用。
2. 取平底锅以小火加热后，加入白酒醋及适量的砂糖、盐和胡椒粉略煮一下。
3. 加入橄榄油继续煮10~20秒即可。

白酒酸豆酱

材料：
洋葱碎………………………50克
培根碎………………………20克
酸豆…………………………15克
白酒………………………20毫升
白醋（米醋）……………20毫升
橄榄油……………………60毫升

做法：
1. 取平底锅先倒入橄榄油，烧热后，将洋葱碎、培根碎、酸豆炒香。
2. 锅中倒入白酒、白醋混合拌匀即可。

芥末橄榄酱

材料：
红葱头碎………………… 20克
大蒜碎……………………10克
白醋（米醋）…………20毫升
盐………………………… 适量
胡椒粉…………………… 适量
第戎芥末酱………………10克
橄榄油…………………60毫升

做法：
1. 将红葱头碎、大蒜碎放入大碗中，加入白醋及适量的盐和胡椒粉拌匀。
2. 加入第戎芥末酱拌匀后，慢慢倒入橄榄油至酱汁变稠，再搅拌均匀即可。

红葱头芝麻酱

材料：
红葱头碎………………… 20克
苹果醋…………………60毫升
盐………………………… 适量
胡椒粉…………………… 适量
芝香油………………180毫升

做法：
1. 将红葱头碎放入碗中，加入苹果醋及适量的盐、胡椒粉。
2. 在碗中慢慢倒入芝香油，一边加热一边搅拌至均匀即可。

270 凉拌四季豆

| 材料 ingredient |

四季豆 ··················· 200克

| 调味料 seasoning |

蒜末 ························· 适量
盐 ···························· 适量
橄榄油 ······················ 适量

| 做法 recipe |

1. 将四季豆洗净，撕去两旁的粗纤维，切成小段。
2. 将四季豆放入加了盐（分量外）的沸水中略汆烫至呈翠绿色后，捞起沥干，趁热加入混合后的调味料拌匀即可。

271 鲜菇拌青菜

| 材料 ingredient |

蚝酱鲜菇200克、菠菜300克、蒜末5克

| 调味料 seasoning |

盐1小匙、色拉油1小匙、鸡粉少许、香油1/2大匙

| 做法 recipe |

菠菜去根部，洗净切段备用。取锅加入适量水煮沸，加入盐、色拉油，再放入菠菜段汆烫至熟，捞出沥干水分盛盘。加入蒜末、鸡粉和香油，再加入蚝酱鲜菇，食用时拌匀即可。

备注：将3朵鲜香菇、100克秀珍菇、100克金针菇、100克珊瑚菇和20克黑木耳洗净切小片，放入沸水中汆烫，捞起沥干后，加入混合拌匀的2大匙蚝油、1/2大匙酱油、1/4小匙糖、1/2小匙陈醋、1小匙鲜味露和少许胡椒粉，再放入玻璃罐中腌泡一天，即为蚝酱鲜菇。

272 蚝油拌菌菇

| 材料 ingredient |

鲜香菇70克、杏鲍菇70克、柳松菇70克、市售蚝油酱2大匙

| 做法 recipe |

1. 鲜香菇洗净去蒂切片；杏鲍菇洗净切片，柳松菇洗净去头，一起放入沸水中汆烫30秒后沥干备用。
2. 将所有菇类加入蚝油酱一起拌匀即可。

Tips料理小秘诀

鲜菇如果烫太久，吃起来会感觉太韧，所以只要稍微烫一下，这样吃起来就会非常鲜嫩。此外，超市可以买到一整包的综合鲜菇，使用起来很方便。

273 葱油香菇

| 材料 ingredient |

鲜香菇150克、胡萝卜50克、葱1根、色拉油2大匙

| 调味料 seasoning |

盐1/2小匙、砂糖1/4小匙、香油1/2小匙

| 做法 recipe |

1. 鲜香菇洗净去蒂头对半切开；胡萝卜去皮切片，备用。
2. 煮一锅滚沸的水，分别将香菇和胡萝卜片汆烫熟透后捞起，过冷水，备用。
3. 烫过的香菇以斜刀片成两半；葱洗净切细末置碗内。
4. 热锅，将材料中的色拉油烧热，淋入葱末中，再加入所有调味料拌匀成酱汁。
5. 将烫过的胡萝卜片、香菇片及调味混合酱汁一起拌匀即可。

274 凉拌什锦菇

| 材料 ingredient |

柳松菇80克、金针菇80克、秀珍菇80克、珊瑚菇80克、杏鲍菇60克、红甜椒30克、黄甜椒30克、姜末10克

| 调味料 seasoning |

盐1/4小匙、香菇精1/4小匙、细砂糖1/2小匙、胡椒粉少许、香油1大匙、市售素蚝油1小匙

| 做法 recipe |

1. 所有菇类洗净沥干，柳松菇、金针菇和秀珍菇切段，杏鲍菇切片，珊瑚菇切小朵；红甜椒、黄甜椒洗净切长条，备用。
2. 取锅放入半锅水，煮沸后放入所有菇类汆烫约2分钟后捞出。
3. 将汆烫过的所有菇类及红甜椒条、黄甜椒条加入所有调味料与姜末搅拌均匀至入味即可。

275 凉拌蟹肉菠菜

| 材料 ingredient |

菠菜……………………150克
蟹肉棒……………………1条
熟白芝麻………………适量

| 调味料 seasoning |

高汤………………200毫升
酱油…………………50毫升
味啉…………………35毫升

| 做法 recipe |

1. 锅中加水及少许盐煮沸，菠菜洗净，将茎叶分开，茎梗部分先放入锅中略煮，再加入菠菜叶汆烫至软，捞起泡冰水去除涩味。
2. 蟹肉棒汆烫后撕成丝备用。
3. 将所有调味料混匀煮开制成酱汁，待凉后放入冰箱中冷藏。
4. 将菠菜茎与叶沥干后切小段，与蟹肉丝混拌，放入碗中后撒上熟白芝麻，再淋入酱汁即可。

276 小米菠菜

| 材料 ingredient |

小米……………………… 40克
菠菜……………………… 200克

| 调味料 seasoning |

鸡粉……………………… 少许
香油……………………… 少许
蒜泥……………………… 少许

| 做法 recipe |

1. 小米洗净后在冷水中浸泡约1小时，捞出沥干水分，备用。
2. 煮一锅滚沸的水，放入小米煮约15分钟，至米芯熟透后捞出，沥干水分备用。
3. 菠菜洗净切小段；另煮一锅滚沸的水，放入菠菜段汆烫一下，捞出沥干水分，备用。
4. 将烫成的菠菜加入煮熟的小米和所有调味料拌匀即可。

277 香油双耳

| 材料 ingredient |

泡发银耳……………………… 40克
泡发黑木耳……………………… 60克
红辣椒丝……………………… 5克
蒜末……………………… 10克

| 调味料 seasoning |

盐……………………… 1/6小匙
细砂糖……………………… 1小匙
陈醋……………………… 2小匙
香油……………………… 1大匙

| 做法 recipe |

1. 将泡发的黑木耳、银耳沥干水分，切去蒂头后切小块，放入碗中备用。
2. 碗中加入红辣椒丝、蒜末及所有调味料拌匀即可。

278 凉拌木耳

| 材料 ingredient |

泡发黑木耳……60克
胡萝卜片……10克
小黄瓜片……10克
红辣椒片……10克
蒜末……10克

| 调味料 seasoning |

盐……1/6小匙
细砂糖……1小匙
陈醋……2小匙
辣椒油……1大匙

| 做法 recipe |

1. 将泡发黑木耳沥干，去蒂头后切小块，放入碗中。
2. 在碗中加入胡萝卜片、小黄瓜片、红辣椒片和蒜末。
3. 加入所有调味料一起拌匀即可。

279 银芽拌鸡丝

| 材料 ingredient |

绿豆芽……200克
青辣椒丝……25克
黄辣椒丝……25克
红辣椒丝……10克
熟鸡丝……50克

| 调味料 seasoning |

盐……1/4小匙
鸡粉……1/4小匙
细砂糖……1/4小匙
白醋……少许
香油……1小匙
蒜末……10克

| 做法 recipe |

1. 绿豆芽摘去头尾部，即为银芽，备用。
2. 将银牙放入沸水中，再放入青辣椒丝、黄辣椒丝和红辣椒丝汆烫一下，捞起泡冰水、沥干。
3. 在处理后的银牙以及青、黄、红椒丝加入所有调味料和熟鸡丝拌匀即可。

280 凉拌绿竹笋

| 材料 ingredient |

绿竹笋……………………250克

| 调味料 seasoning |

蛋黄酱……………………适量

| 做法 recipe |

1. 取一锅放入已洗净的绿竹笋，再加入足够的淹过绿竹笋的水，盖上锅盖，以大火煮沸后，转小火煮约30分钟，熄火再焖约10分钟待凉。
2. 将绿竹笋放入保鲜盒中，再放入冰箱冰凉备用。
3. 食用时，取出绿竹笋去外壳，修掉边缘切块，淋上蛋黄酱即可。

Tips料理小秘诀

部分竹笋会略带淡淡的苦涩味，其实只要在煮竹笋的时候加入一把大米与2个干辣椒，就可以就让竹笋的苦味不见了！因为大米会吸收竹笋的苦味，而干辣椒则会让竹笋的鲜味更突显。

281 鲜笋嫩姜丝

| 材料 ingredient |

桂竹笋……………………150克
嫩姜……………………100克
四季豆……………………70克
香香油……………………少许
食用油……………………1大匙

| 调味料 seasoning |

米酒……………………2大匙
细砂糖……………………1小匙
盐……………………少许

| 做法 recipe |

1. 桂竹笋切成5厘米长的段，用手撕成粗条，放入沸水中汆烫后捞起备用。
2. 嫩姜洗净切成细丝；四季豆洗净撕去老筋，切成5厘米长的条，备用。
3. 锅烧热，加入1大匙食用油，放入汆烫后的桂竹笋、嫩姜、四季豆充分拌炒，再加入所有调味料，起锅前拌入香油，加入红辣椒丝（分量外）作装饰即可。
4. 待冷却后放入冰箱冷藏，冰凉食用风味最佳。

282 可口笋片

| 材料 ingredient |

绿竹笋300克、胡萝卜100克、蒜末5克、姜末5克、红辣椒末5克、色拉油3大匙

| 调味料 seasoning |

A 生抽10毫升、醋20毫升、糖13克、盐少许、米酒15毫升

B 香油适量

| 做法 recipe |

1. 绿竹笋煮熟去壳，切成约0.5厘米见方的片；胡萝卜去皮磨成泥；将调味料A混合，备用。
2. 热一锅，加入3大匙色拉油，放入胡萝卜泥以中火炒干水分后，加入蒜末、姜末、红辣椒末炒香。
3. 加入笋片拌炒一下，再加入调味料A转大火拌炒至入味，起锅前淋入香油即可。

283 凉拌柴鱼韭菜

| 材料 ingredient |

韭菜…………………… 300克
柴鱼片…………………… 30克
蒜末……………………5克
姜末……………………5克

| 调味料 seasoning |

蚝油……………………1大匙
酱油……………………2大匙
细砂糖…………………1小匙
开水……………………1大匙
香油…………………… 1/2大匙

| 做法 recipe |

1. 韭菜洗净，将根部放入沸水中烫一下后，再全部放入汆烫，至颜色变翠绿，捞出放入冰水中待凉。
2. 将韭菜捞出沥干水分后，切段盛盘备用。
3. 所有调味料连同蒜末、姜末拌匀，淋在韭菜上后，放上柴鱼片即可。

284 凉拌莲藕

| 材料 ingredient |

莲藕200克、黄甜椒40克、红甜椒40克、姜末10克、红辣椒末5克、香菜末5克

| 调味料 seasoning |

盐1/4小匙、糖1小匙、白醋1小匙、香油少许

| 做法 recipe |

1. 莲藕洗净切片，放入稀释的醋水（分量外）中浸泡备用。
2. 红甜椒、黄甜椒洗净，去籽切片备用。
3. 取锅煮水至沸腾，依序放入莲藕，红、黄甜椒快速汆烫后捞出，放入冰水中浸泡后沥干。
4. 将所有调味料及材料拌匀即可。

Tips料理小秘诀

做法1中浸泡醋水的步骤，是为了避免莲藕氧化变色，除了浸泡醋水外，将莲藕浸泡在稀释的柠檬水中，也能避免其氧化变色。

285 凉拌春菜

| 材料 ingredient |

油麻菜……………………200克
芦笋……………………100克
秋葵……………………100克
红辣椒片………………少许

| 调味料 seasoning |

橄榄油……………………1大匙
黄芥末籽酱………………10克
粗粒辣椒粉………………1克
盐…………………………少许
白胡椒粉…………………少许

| 做法 recipe |

1. 油麻菜洗净，挑取完整枝叶；芦笋削去纤维切成两段；秋葵对剖切开，一起放入沸水汆烫至翠绿，捞起备用。
2. 将所有调味料混合拌匀成酱汁。
3. 将烫好的油麻菜、芦笋、秋葵、酱汁和红辣椒片一起混合拌匀即可。

286 蚝油茄段

| 材料 ingredient |

茄子……………………300克
蒜末……………………10克
红辣椒末………………15克

| 调味料 seasoning |

蚝油……………………2大匙
米酒……………………1大匙
糖………………………1小匙
鸡粉……………………少许
香油……………………适量

| 做法 recipe |

1. 茄子洗净切段。
2. 热油至油温的150℃，放入茄子段炸软后捞出沥油。
3. 锅中留少许油，爆香蒜末、红辣椒末，再加入蚝油、米酒、糖、鸡粉拌匀，放入炸软的茄子拌炒至入味，起锅前淋上香油即可。

287 凉拌西红柿佛手瓜

| 材料 ingredient |

处理好的佛手瓜片600克、西红柿300克

| 调味料 seasoning |

酱油2匙、姜汁1/2匙、糖1/2匙、香油少许

| 做法 recipe |

1. 将佛手瓜片放入沸水中烫熟捞起；西红柿洗净后切薄片备用。
2. 将所有调味料调匀成酱汁备用。
3. 取一大盘，将佛手瓜片与西红柿片以重叠的方式交叉排入盘中。
4. 淋上少许酱汁于盛好的菜上，其余盛入碟中作蘸酱即可。

Tips料理小秘诀

佛手瓜因为长得像“佛手”而得名，选购时挑选越幼嫩的越好。另外，可注意瓜皮表面是否光滑、茸毛软，如此就是品质好的嫩瓜，但拿来做食材时要记得先去皮喔！

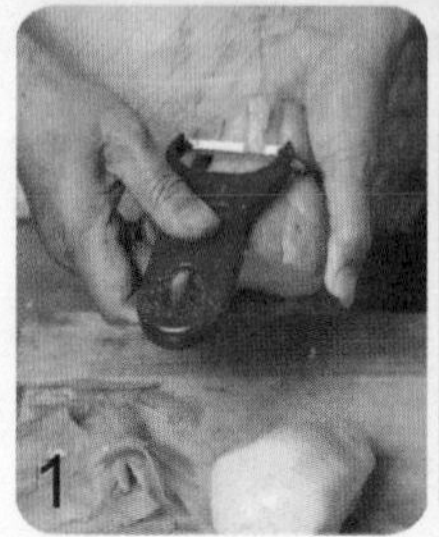
1

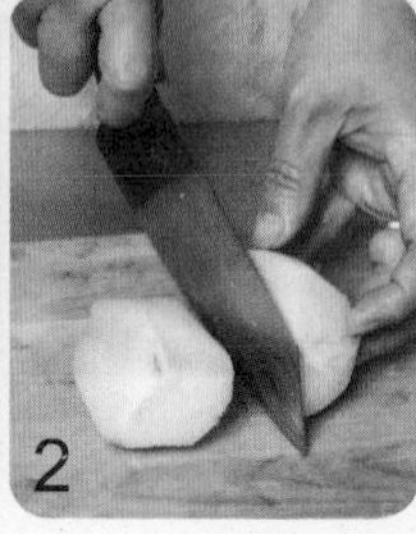
2

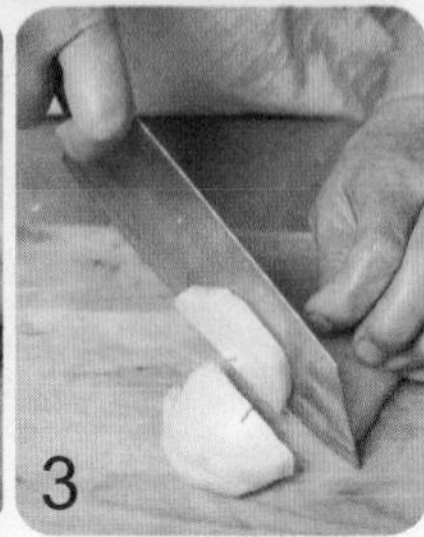
3

288 香菜拌花生

| 材料 ingredient |

去皮花生…………100克
香菜…………………50克
葱……………………4根
红辣椒………………1个

| 调味料 seasoning |

酱油…………………1大匙
细砂糖………………1/2小匙
白醋…………………1/2小匙
香油…………………1小匙

| 做法 recipe |

1. 将香菜、葱、红辣椒切碎，装入大碗中。
2. 加入去皮花生及所有调味料拌匀即可。

289 莎莎酱拌秋葵

| 材料 ingredient |

秋葵…………………200克

| 调味料 seasoning |

莎莎酱………………2大匙

| 做法 recipe |

秋葵洗净沥干，去除蒂头部分，放入沸水中汆烫，捞起泡入冰水中至凉后，捞起沥干排入盘中，再淋上莎莎酱一同食用即可。

290 味噌萝卜

| 材料 ingredient |

白萝卜………………200克
海带芽………………少许

| 调味料 seasoning |

味噌…………………1.5大匙
果糖…………………1大匙
柠檬汁………………1大匙

| 做法 recipe |

1. 白萝卜去皮切薄片，泡冷水约20分钟备用。
2. 将白萝卜片沥干水分，与调味料拌匀，腌约2小时。
3. 海带芽泡水5分钟后，挤干水分，放入腌制后的萝卜片中一起拌匀即可。

291 虾米莴笋

| 材料 ingredient |

虾米……………………… 60克
莴笋……………………… 250克
红辣椒丝……………………5克
蒜末………………………10克

| 调味料 seasoning |

盐 ……………………… 1/4小匙
细砂糖 ………………… 1/8小匙
香油………………………1大匙

| 做法 recipe |

1. 莴笋削去皮后切成细丝。
2. 虾米用开水泡约10分钟，泡软后沥干，用刀背拍碎。
3. 将莴笋丝、红辣椒丝、蒜末及虾米碎一起放入碗中。
4. 加入所有调味料一起拌匀即可（盛盘后可加入少许香菜作装饰）。

292 凉拌白菜心

| 材料 ingredient |

大白菜心300克、红辣椒丝5克、香菜碎5克、油炸花生40克

| 调味料 seasoning |

白醋1大匙、细砂糖1大匙、盐1/6小匙、香油1大匙

| 做法 recipe |

1. 将大白菜心切丝，泡冰开水约3分钟，捞起沥干水分，备用。
2. 将白菜心丝放入大碗，加入红辣椒丝、香菜碎、油炸花生。
3. 加入所有调味料一起拌匀即可。

Tips料理小秘诀

凉拌白菜心用的是大白菜的茎，烹调时要去掉叶子，只留下茎的部分来凉拌。切丝后要马上泡冰开水，泡3分钟后捞起沥干水分，这样吃起来格外爽脆。

293 凉拌辣味黄瓜丝

| 材料 ingredient |

黄瓜皮……………………100克

| 调味料 seasoning |

蒜末…………………………5克
红辣椒末……………………2克
白胡椒粉……………… 1/4小匙
鱼露…………………… 1/2小匙
细砂糖………………… 1/4小匙

| 做法 recipe |

1. 将黄瓜皮切成细长条。
2. 将所有调味料混合，再加入黄瓜条中拌匀即可。

294 白酱时蔬

| 材料 ingredient |

菠菜30克、鲜香菇20克、金针菇50克、胡萝卜20克、魔芋条50克

| 调味料 seasoning |

和风白酱200克、香油1小匙、盐少许

| 做法 recipe |

1. 菠菜放入沸水中汆烫至软，捞起泡冷水至冷，沥干切4厘米长的段备用。
2. 鲜香菇、金针菇洗净去蒂切段；胡萝卜去皮切段，和魔芋条分别放入沸水中汆烫，捞起沥干备用。
3. 在和风白酱中加入香油和盐拌匀备用；将汆烫后的所有食材与和风白酱拌匀即可。

备注：将120克老豆腐放入沸水中汆烫1分钟，捞起沥干，过筛压成泥状后，和混合拌匀的10克芝麻酱、10克细砂糖、少许盐、6克味噌、6毫升味啉、少许生抽拌匀即为和风白酱。

295 凉拌七味洋葱

| 材料 ingredient |

洋葱250克、西芹30克、小黄瓜80克、七味粉少许

| 调味料 seasoning |

生抽2大匙、味啉2大匙、水果醋2大匙

| 做法 recipe |

1. 洋葱去皮切细丝，冲水洗除辛呛味后沥干；西芹去除粗筋纤维，切5厘米长的细条；小黄瓜洗净切细薄片，备用。
2. 将所有调味料混合成酱汁。
3. 将洋葱丝、黄瓜片、西芹条盛入盘中，淋入酱汁，撒上七味粉，食用前拌匀即可。

Tips料理小秘诀

生洋葱有一股辛辣的呛味，所以很多人不敢生吃。其实只要将洋葱丝泡在多量的水中，就能冲去呛鼻的辣味，就能吃得到生洋葱的清甜滋味。

296 洋葱拌金枪鱼

| 材料 ingredient |

洋葱……300克
金枪鱼罐头……1罐
葱花……1大匙

| 调味料 seasoning |

柳橙原汁……60毫升
米醋……60毫升
酱油……60毫升
味啉……20毫升

| 做法 recipe |

1. 洋葱去外皮薄膜后切细丝，与所有调味料拌匀，备用。
2. 打开金枪鱼罐头，倒出金枪鱼滤油，并将鱼肉弄散备用。
3. 将调味的洋葱丝挟出摆入盘中，把金枪鱼肉铺在洋葱丝上，淋上剩余的酱汁，最后撒上葱花即可。

297 爽口土豆丝

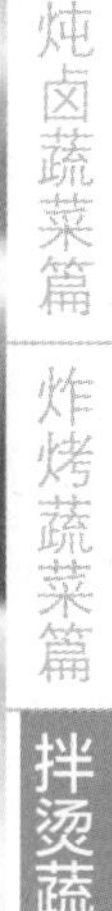

| 材料 ingredient |

土豆……………………… 300克
小黄瓜 …………………… 80克
鱼卵………………………… 适量

| 调味料 seasoning |

A
水 ………………………… 50毫升
米醋……………………… 40毫升
味啉……………………… 15毫升
酱油………………………… 6毫升
细砂糖 ……………………… 10克
B
芥末籽酱…………………… 10克
橄榄油 ……………………… 5毫升

| 做法 recipe |

1. 土豆洗净去皮，先切成片再切细丝，再浸泡在冷水中去除多余淀粉后捞起并沥干水分备用。
2. 小黄瓜洗净并沥干水分，切圆薄片备用。
3. 将调味料A放入锅中，拌匀、煮沸后放至一旁冷却，加入调味料B一起拌匀即成淋酱汁。
4. 将土豆丝放入沸水中氽烫约1分钟后，捞起并浸泡冰水使其充分冷却。
5. 冷却后的土豆丝捞起沥干水分，加入切好的小黄瓜片一起拌匀后盛盘。
6. 撒上适量的鱼卵，淋上的淋酱汁即可。

298 三丝土豆

| 材料 ingredient |

土豆……………………150克
鸡蛋……………………1个
胡萝卜…………………30克

| 调味料 seasoning |

陈醋……………………1大匙
辣椒油…………………1大匙
细砂糖…………………1小匙
盐………………………1/6小匙

| 做法 recipe |

1. 土豆与胡萝卜去皮、切丝，分别放入沸水中氽烫约30秒即捞起，冲冷水至凉备用。
2. 蛋打散成蛋液，放入热锅中煎成蛋皮，起锅切丝备用。
3. 将土豆、胡萝卜丝、蛋皮丝与所有调味料拌匀，食用前撒上白芝麻和香菜（分量外）即可。

299 蚝油芥蓝

| 材料 ingredient |

芥蓝菜…………………200克
蚝油……………………适量
（做法见P224）

| 做法 recipe |

1. 将芥蓝菜洗净。
2. 将芥蓝菜放入沸水中以大火氽烫约90秒钟后捞起，再淋上蚝油即可。

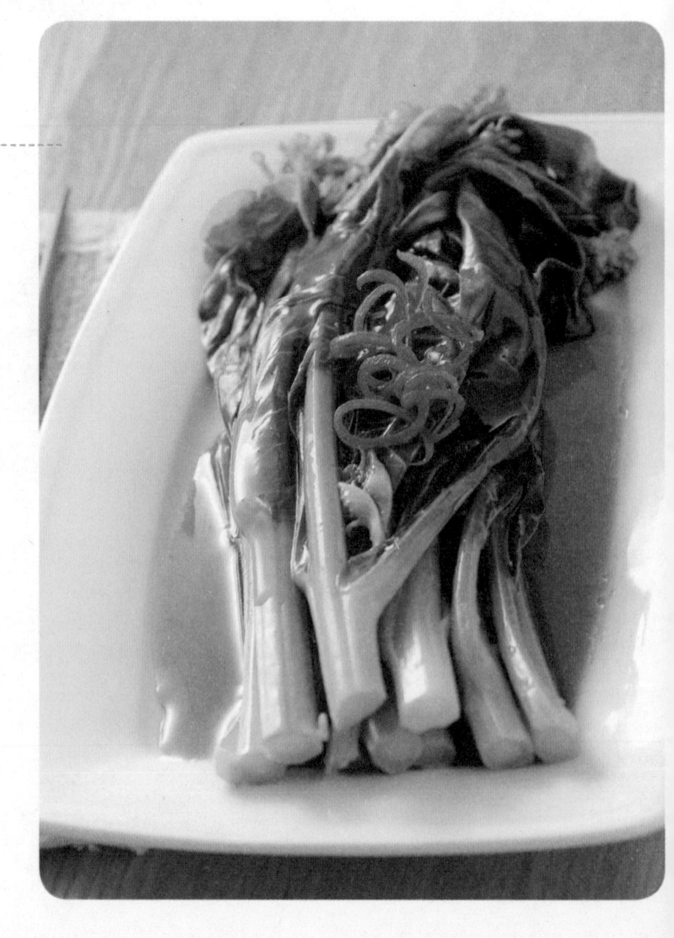

300 香葱肉臊地瓜叶

| 材料 ingredient |

地瓜叶150克、香葱肉臊酱适量

| 做法 recipe |

1. 将地瓜叶洗净，挑去老梗。
2. 将处理后的地瓜叶放入沸水中以中火汆烫约30秒后捞起，再淋上香葱肉臊酱即可。

香葱肉燥酱

材料：
肉末150克、洋葱80克、蒜仁5颗、红辣椒1/2个、葱2根
调味料：
五香粉1小匙、盐少许、黑胡椒粉少许、香油1小匙、酱油1大匙、水200毫升

做法：
1. 将洋葱、蒜仁、红辣椒、葱都切碎备用。
2. 取一个炒锅，加入1大匙色拉油，放入肉末和所有材料，以中火爆香。
3. 加入所有的调味料煮开即可。

301 水煮茄子

| 材料 ingredient |

茄子……………………… 200克
塔香油膏………………… 适量

| 做法 recipe |

1. 将茄子去蒂再切成约3厘米的段，放入沸水中汆烫，捞起放入冰水中冰镇备用。
2. 将冰镇后的茄子段摆盘，淋入塔香油膏即可。

塔香油膏

材料：
新鲜九层塔1棵、红辣椒1/3个、酱油2大匙、米酒1大匙、开水1大匙

做法：
1. 将新鲜九层塔洗净再切成细丝；红辣椒切碎备用。
2. 将做法1的材料和其余材料混合即可。

302 腐乳淋油麦菜

| 材料 ingredient |

油麦菜……………………200克
姜…………………………10克
腐乳酱……………………适量

| 做法 recipe |

1. 将油麦菜洗净沥干，切去根部，再切成段备用。
2. 姜洗净切丝备用。
3. 将油麦菜段放入沸水中汆烫，捞起后沥干水分，盛入盘中备用。
4. 把适量的腐乳酱淋在盘中的油麦菜上，再撒上姜丝即可。

腐乳酱

材料：
豆腐乳1罐、香油少许、辣豆瓣酱1小匙、糖1小匙、米酒1大匙、水150毫升
做法：
1. 取一容器，将水和豆腐乳先拌开。
2. 于豆腐乳中加入其余调味料，搅拌均匀即可。

303 味噌生菜

| 材料 ingredient |

生菜……………………200克
蒜仁……………………4瓣
色拉油…………………1大匙

| 调味料 seasoning |

鲣鱼酱油………………2大匙
细味噌…………………2大匙
水………………………50毫升
细砂糖…………………1小匙
香油……………………1大匙

| 做法 recipe |

1. 将生菜切去根部，洗净；蒜仁切碎末备用。
2. 将生菜放入沸水中汆烫至熟后，装盘备用。
3. 热锅倒入色拉油，先以小火炒香蒜末，再加入鲣鱼酱油、细味噌、水及细砂糖搅匀，煮开之后加入香油即为味噌酱汁。
4. 将味噌酱汁直接淋在生菜上即可。

1

2

3

4

5

304 绞滑生菜

| 材料 ingredient |

生菜………………200克
肉末………………120克
蒜仁………………3瓣
红辣椒……………1/3个
鸡蛋………………1个

| 调味料 seasoning |

香油………………1小匙
盐…………………少许
白胡椒粉…………少许
淀粉………………少许
水…………………200毫升

| 做法 recipe |

1. 将生菜洗净去蒂，将叶子泡水备用。
2. 将蒜仁、红辣椒都洗净切片备用。
3. 取一个炒锅，加入1大匙色拉油（材料外），再加入肉末与蒜片、红辣椒片，以中火先爆香，接着放入所有的调味料一起翻炒均匀（见图2~3）。
4. 敲入1个鸡蛋，关火，让蛋呈滑嫩状盛出备用（见图4）。
5. 将生菜放入沸水中略为汆烫（见图1）后，捞起沥干水分盛入盘中。
6. 将做法4的材料淋在生菜上即可（见图5）。

305 油葱生菜

| 材料 ingredient |

生菜……………………150克
油葱酥……………………适量
原味卤汁…………………适量
（做法见P224）

| 做法 recipe |

1. 将生菜洗净。
2. 将生菜放入煮沸的原味卤汁中以中火汆烫约30秒后，捞起摆盘，再撒上油葱酥即可。

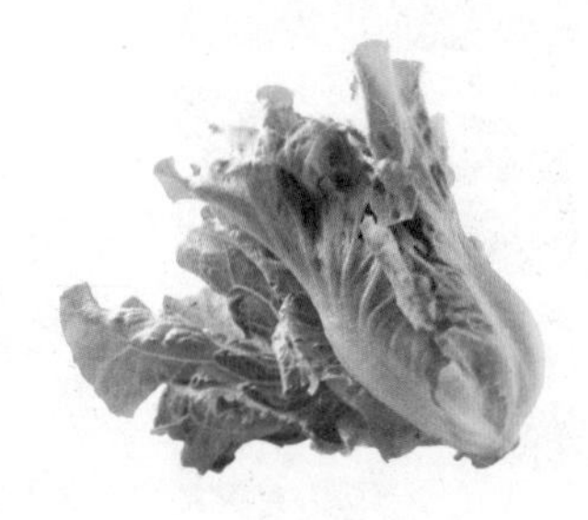

306 白灼韭菜

| 材料 ingredient |

绿韭菜……………………150克
柴鱼片……………………1小匙
油膏韭菜酱………………适量

| 做法 recipe |

1. 将新鲜韭菜外皮老叶剥除，洗净后放入沸水中大火汆烫约1分钟捞起，再放入冰水中冰镇备用。
2. 将冰镇过的韭菜拧干水分切成段，再淋入油膏韭菜酱，最后加入柴鱼片作装饰即可。

油膏韭菜酱

材料：
酱油膏2大匙、细砂糖1小匙、香油1小匙、开水1大匙

做法：
将所有材料混合均匀即可。

307 水煮甘甜苦瓜

| 材料 ingredient |

苦瓜150克、甘甜酱汁适量

| 做法 recipe |

1. 将苦瓜去籽去白膜，切成小片，放入沸水中以大火汆烫约2分钟，捞起放入冰水中冰镇备用。
2. 将切好的苦瓜片放入盘中，再淋入炒香的甘甜酱汁即可。

甘甜酱汁

材料：
肉末50克、酱油2大匙、红辣椒1个、红葱头3颗、蒜仁3颗、冰糖1大匙、香油1小匙

做法：
1. 将红辣椒、蒜仁、红葱头均洗净切片备用。
2. 起一个炒锅，加入1大匙色拉油，再加入做法1的材料炒香，最后加入其余的所有材料，以中火翻炒均匀即可。

308 素肉臊拌小白菜

| 材料 ingredient |

小白菜300克、素肉臊200克、泡发的香菇120克、色拉油4大匙

| 调味料 seasoning |

素蚝油3.5大匙、五香粉1/2小匙、水1300毫升、酱油10大匙、香菇精2.5大匙

| 做法 recipe |

1. 将小白菜去根，洗净并切成小段，放入沸水中汆烫至熟后捞起装盘备用。
2. 将素肉燥用冷水泡约5分钟使其变软后，挤干水分；泡发的香菇切丁备用。
3. 热锅倒入色拉油，小火爆香香菇丁，再放入素肉臊转中火炒香。
4. 加素蚝油及五香粉略炒，再加水及酱油煮至沸腾，最后加入香菇精转小火继续煮约20分钟。
5. 将炒好的素肉臊汁直接淋在盛盘的小白菜上，食用时拌匀即可。

309 胡麻四季豆

| 材料 ingredient |

四季豆 ······················ 250克
胡麻酱 ························ 适量

| 做法 recipe |

1. 将四季豆去头尾老丝，放入沸水中以大火汆烫约1分钟，捞起再放入冰水中冰镇备用。
2. 将冰镇后的四季豆摆盘，淋入胡麻酱即可。

胡麻酱

材料：
市售麻酱2大匙、白芝麻少许、盐少许、白胡椒粉少许、红辣椒1/3个、香菜1棵、开水1大匙

做法：
1. 将红辣椒、香菜都切碎备用。
2. 将红辣椒碎、香菜碎和其余材料混合均匀即可。

310 和风芦笋

| 材料 ingredient |

芦笋 ························180克
和风酱 ························ 适量

| 做法 recipe |

1. 将芦笋去老皮，放入沸水中以中火汆烫约1分钟，捞起放入冰水中冰镇备用。
2. 将冰镇的芦笋摆盘，淋入和风酱即可。

和风酱

材料：
和风酱150毫升、洋葱50克、白芝麻1大匙、盐少许、黑胡椒粉少许

做法：
1. 将洋葱切碎。
2. 将洋葱碎和其余材料混合均匀即可。

311 豆瓣娃娃菜

| 材料 ingredient |

娃娃菜……………………400克
辣味豆瓣酱………………适量

| 做法 recipe |

1. 将娃娃菜去蒂，放入沸水中以中火煮软捞起备用。
2. 将煮好的辣味豆瓣酱淋在煮软的娃娃菜上面即可。

辣味豆瓣酱

材料：
肉末100克、辣豆瓣酱1大匙、葱1支、蒜仁2颗、红辣椒1个、酱油1大匙、细砂糖1小匙、香油1小匙、色拉油1大匙

做法：
1. 将葱、蒜仁、红辣椒都洗净切碎备用。
2. 起一个炒锅，再加入1大匙色拉油，先加入肉末和做法1的材料爆香，最后再加入其余的材料翻炒均匀即可。

312 酱汁西蓝花

| 材料 ingredient |

西蓝花……………………200克
虾味肉臊…………………适量
（做法见P224）

| 做法 recipe |

1. 将西蓝花洗净切成小朵，放入沸水中汆烫，捞起放入冰水中冰镇备用。
2. 将西蓝花沥干水分后摆盘，淋入虾味肉臊即可。

313 苦瓜拌白酱

| 材料 ingredient |

山苦瓜……………………150克
咸鸭蛋……………………1/2个

| 调味料 seasoning |

和风白酱…………………100克
（做法见P207）

| 做法 recipe |

1. 山苦瓜洗净去籽切薄片，放入沸水（加入少许盐）中汆烫至翠绿，捞起在冷水中浸泡后沥干，备用。
2. 咸鸭蛋去壳，将蛋清及蛋黄压碎，加入和风白酱拌匀备用。
3. 将过冷水的苦瓜片及和风白酱的混合酱拌匀即可。

314 冰镇虾酱冬瓜

| 材料 ingredient |

冬瓜……………………400克
姜………………………5克
色拉油…………………1大匙

| 调味料 seasoning |

A
水……………………500毫升
盐……………………1/2小匙
味精…………………1/2小匙
B
虾酱…………………1大匙

| 做法 recipe |

1. 冬瓜去除软心部分，洗净置于大碗中。
2. 在冬瓜上加入拌匀的调味料A，放入蒸锅中蒸约15分钟后，倒掉汤汁取出冬瓜放至冰箱冷藏。
3. 将冰冬瓜去皮，切成厚片装盘。
4. 热锅，放入色拉油烧热至油温约120℃时，加入虾酱拌匀即舀出放入碗中。
5. 食用时，可将炒好的虾酱直接淋在盘中的冬瓜上，亦可蘸酱佐食。

315 香葱丝瓜

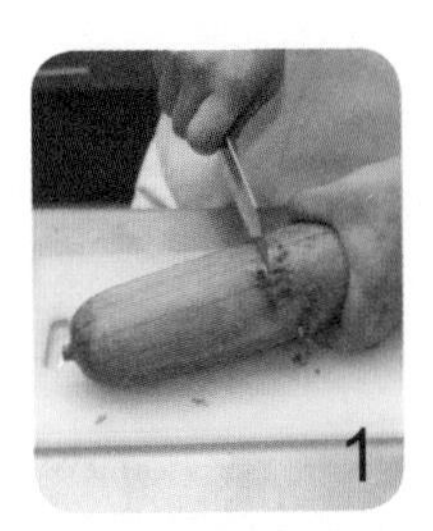

| 材料 ingredient |

丝瓜……300克
葱末……50克
姜末……15克
色拉油……2大匙

| 调味料 seasoning |

盐……1/2小匙
鸡粉……1/2小匙
水……300毫升

| 做法 recipe |

1. 丝瓜削去表皮粗膜部分（见图1）。
2. 将丝瓜洗净，对切，去除籽及中间海绵状部分（见图2）。
3. 丝瓜切成细长小段（见图3），放入沸水中汆烫约1分钟后（见图4），捞起装盘备用。
4. 热锅倒入色拉油，先放入葱末、姜末以小火炒香（见图5），再依序加入盐、鸡粉、水煮至沸腾即关火，制成香葱汁。
5. 将炒好的香葱汁直接淋盘中的丝瓜上即可（见图6）。

316 芝麻酱茭白

| 材料 ingredient |

茭白……………………250克
蒜仁……………………2瓣

| 调味料 seasoning |

芝麻酱……………………1大匙
凉开水……………………2大匙
蚝油……………………1大匙
细砂糖……………………1小匙

| 做法 recipe |

1. 茭白剥去绿壳，削去粗边；蒜仁切碎末备用。
2. 取锅烧开水，将茭白汆烫约2分钟，捞起放入冰水中泡凉，沥干切小块装盘备用。
3. 将芝麻酱与凉开水调匀，加入蒜末及其余调味料拌匀即为芝麻酱汁。
4. 将芝麻酱汁淋在盘中的茭白上即可。

317 沙茶酱茼蒿

| 材料 ingredient |

茼蒿……………………300克
蒜末……………………15克
姜末……………………15克
红辣椒末……………………15克
色拉油……………………少许

| 调味料 seasoning |

沙茶酱……………………3大匙
酱油……………………1大匙
米酒……………………1大匙
糖……………………1小匙
鸡粉……………………1/2小匙
水……………………50毫升
水淀粉……………………适量

| 做法 recipe |

1. 沸水中加入少许色拉油，将茼蒿放入其中涮几下立刻捞出沥干，盛盘备用。
2. 热锅，倒入适量色拉油，放入蒜片、姜末、红辣椒末爆香。
3. 锅中加水拌炒一下，继续加入沙茶酱、酱油、米酒、糖、鸡粉拌煮至沸腾，再加入水淀粉勾薄芡制成酱汁。
4. 将混合的酱汁淋在盘中的茼蒿上即可。

318 奶油生菜

| 材料 ingredient |

生菜……130克
蒜仁……2瓣
葱……1根
胡萝卜……20克

| 调味料 seasoning |

奶油……30克
盐……少许
黑胡椒粉……少许
意式香料……少许
水……150毫升

| 做法 recipe |

1. 将生菜去蒂，一片片剥开洗净备用。
2. 将蒜仁、葱洗净切碎；胡萝卜洗净切丝备用。
3. 取一个炒锅，加入1大匙色拉油（材料外），先将蒜仁、葱及胡萝卜丝放入爆香，再放入所有的调味料，翻炒均匀备用。
4. 将生菜放入沸水中氽烫，再沥干水分放入盘中，最后淋上爆香好的酱料即可。

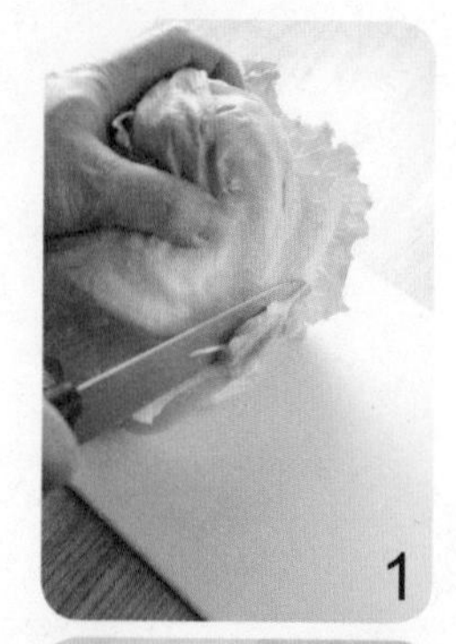

319 肉酱烫生菜

| 材料 ingredient |

罐头猪肉……………1罐（约220克）
生菜………………150克
葱……………………1根
蒜仁…………………2瓣

| 调味料 seasoning |

盐……………………少许
白胡椒粉……………少许
香油…………………1小匙

| 做法 recipe |

1. 将生菜洗净去蒂，撕成片，洗净沥干备用（见图1~2）。
2. 葱洗净切段；蒜仁切片备用。
3. 取一个汤锅，将生菜放入沸水中氽烫（见图3），再捞起放入盘中备用。
4. 取一个炒锅，先加入1大匙色拉油（材料外），再放入葱段、蒜片与所有的调味料、猪肉，以中火翻炒均匀备用（见图4）。
5. 将炒好的肉酱淋在生菜上即可（见图5）。

Tips料理小秘诀

处理生菜时，建议用手一片一片剥开来清洗，氽烫的时间约30秒即可，以免太软。还要记得将生菜泡入冰水中冰镇一下，这样吃起来口感较脆。

320 肉末上海青

| 材料 ingredient |

上海青150克、肉末100克、蒜仁2瓣、红辣椒1/3个、色拉油1大匙

| 调味料 seasoning |

盐少许、白胡椒粉少许、香油少许、辣豆瓣酱1小匙、水100毫升

| 做法 recipe |

1. 将上海青洗净沥干并切去根部，再切成段备用。
2. 将蒜仁、红辣椒切片备用。
3. 取一个炒锅，加入1大匙色拉油（材料外），将蒜片、红辣椒片先爆香，再将肉泥末与所有的调味料一起加入，以中火翻炒均匀备用。
4. 把处理后的上海青放入沸水中汆烫，再捞起盛入盘中备用。
5. 将酱汁淋在汆烫好的上海青上即可。

321 辣酱拌豆苗

| 材料 ingredient |

鲜香菇……1朵
豆苗……100克
蒜仁……2瓣
葱……1根
色拉油……1大匙

| 调味料 seasoning |

拌饭拌面酱……2大匙
酱油……1小匙
水……300毫升

| 做法 recipe |

1. 将鲜香菇洗净切片；蒜仁切片；葱洗净切碎备用。
2. 豆苗洗净后先切去根部，并切成段，再放入沸水中汆烫，捞起沥干水分，盛盘备用。
3. 取一个炒锅，先加入1大匙色拉油（材料外），再加入做法1的所有材料，以中火先爆香。
4. 放入所有的调味料，翻炒均匀备用。
5. 将汆烫好的豆苗放入盘中，再将炒好的调味料淋在装盘的豆苗上即可。

虾味肉臊

材料：
肉末150克、洋葱80克、蒜仁5瓣、红辣椒1/2个、葱2根、色拉油1大匙

调味料：
五香粉1小匙、盐少许、黑胡椒粉少许、香油1小匙、酱油1大匙、水200毫升

做法：
1. 将洋葱、蒜仁、红辣椒、葱都切碎备用。
2. 取一个炒锅，加入1大匙色拉油，放入肉末和做法1的所有材料，以中火爆香。
3. 加入所有的调味料煮开即可。

港式蚝油酱

材料：
蚝油50毫升、香油1小匙、细砂糖1小匙、白胡椒粉少许、水100毫升

做法：
将所有的材料一起放入锅中，拌匀后以中火煮开即可。

原味卤汁

材料：
酱油150毫升、水500毫升、卤味包1包

做法：
将所有的材料一起放入锅中，以中火煮开即可。

蒜味虾酱

材料：
蒜仁5瓣、红辣椒1/2个、葱1/2根、虾酱2大匙、色拉油1大匙

调味料：
水200毫升、盐少许、白胡椒粉少许、香油1小匙

做法：
1. 将蒜仁、红辣椒都洗净切成片，葱洗净切碎。
2. 取一个炒锅，先加入1大匙色拉油，加入葱碎、蒜片、红辣椒片爆香，再加入虾酱以小火炒香，最后再加入所有调味料煮开即可。

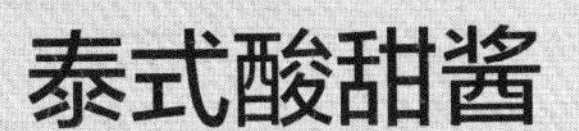

泰式酸甜酱

材料：
洋葱80克、红辣椒1个、蒜仁3颗、香菜2棵

调味料：
甜鸡酱3大匙、香油1小匙、柠檬汁1大匙、盐1小匙、黑胡椒粉1小匙、水150毫升、色拉油1大匙

做法：
1. 将洋葱、红辣椒、蒜仁、香菜都切碎备用。
2. 取一个炒锅，加入1大匙色拉油，再加入做法1的所有材料，以中火爆香备用。
3. 加入所有调味料煮开即可。

川式椒麻酱

材料：
红辣椒2个、蒜仁5颗、干辣椒10个、葱1/2根、色拉油1大匙

调味料：
辣椒油2大匙、香油1小匙、花椒1小匙、熟花生10克、八角1粒、丁香3粒、水150毫升

做法：
1. 将蒜仁、红辣椒、干辣椒都切成片；葱洗净切段，备用。
2. 取一个炒锅，加入1大匙色拉油，再加入做法1的所有材料以中火爆香。
3. 加入所有的调味料以大火翻炒爆香即可。

蒸煮蔬菜篇

蒸煮蔬菜料理

轻松变化的简单美味

只要食材选对了，
有些蔬菜也适合用蒸煮的方式烹调，
无论是备妥食材、调好味道后，直接放入锅中蒸熟，
或是将各类蔬菜放入锅中直接煮成杂烩蔬菜锅，
都是美味又不失营养的多变蔬菜佳肴。

蔬菜刀功切法

切段

通常外形偏长形的食材，洗净后视其大小，然后直接放于砧板上，先纵向对切后，再分切成数等份段状即可。

撕条

有些食材质地较软，如菇类或叶菜类的食材，洗净后不用使用其他刀具，直接以双手就可以将食材撕成烹煮时适合的丝或条状。

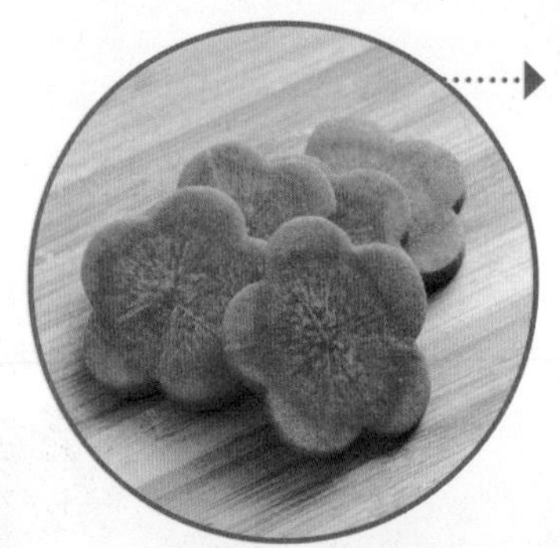

切花

根据不同汤品的要求，食材呈现的外观也有所不同，有时可以特殊的模型器具为辅助，制作或压出不同的造型，更可为汤品增添丰富度。

切丁

先看食材是否需要去皮，处理好后将食材直接放在砧板上对半切开，再分切成约1厘米的长条状，然后垂直方向切匀切成约1厘米的丁状。

切细丝

食材对半切开后，分切成薄片状，将数片薄片交叠一起，直接切成细丝状即可。不过像洋葱这类的食材，对半切开后，即可直接切出细丝状的外观。

有学问

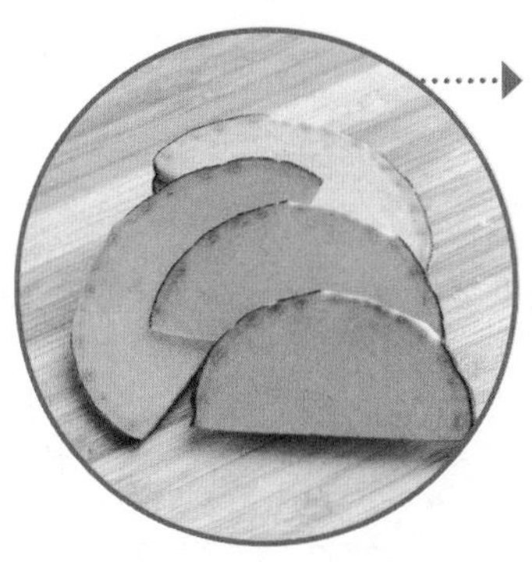

切薄片

一只手将食材按压于砧板上，另一只手取刀将食材横向对切，再将切口的平面放置于砧板上，即可将食材简单切成薄片状。

切条

丝瓜等食材，因为口感的缘故，适合切成稍具宽度的粗条状，这样煮成汤品后，吃起来不仅口感较佳，中间的瓜肉部分也较容易煮至熟透软烂。

切斜片

食材洗净后，放置与身体平行的位置，一只手压住食材，另一只手取刀以斜切的方式，切出斜薄片状。

切瓣

将食材对切成两等份后，取其中一份先对切成两等份，再对切即为半月形的瓣状。

切丝

菜叶洗净后，直接将数片叠在一起，一只手紧压菜叶，另一只手取刀直接将食材切出丝即可。

蒸煮蔬菜的美味秘诀

大厨私房招1

刨丝切块

蒸煮蔬食前，先将比较难熟的根茎类蔬菜刨丝或切块，除可节省烹调时间外，也避免将食材蒸煮过熟而影响口感。

大厨私房招2

过油

蔬食蒸煮前，先过油除了可以让食材定色，还可以避免食材糊化，这样才能蒸煮出好看又好吃的菜肴。

大厨私房招3

水量

下锅煮时，要让水量跟锅的大小配合，水量高度超过食材，才能让食材均匀受热。

大厨私房招4

去蒂

在处理会滚动的蔬果时，可以先去蒂，如此就能将其平放在砧板上，再剖开切块，就不容易切到手。

大厨私房招5

下锅顺序

下锅水煮时，要按照食材特性依序下锅，这样可避免食材有的已软烂、有的不熟，且能吃到蔬食的爽脆口感。

大厨私房招6

冷发泡

泡发香菇等干货时，最好用冷水，因为热水会破坏干货特有的香味物质，减少烹调后的食材香气。

322 佛手白菜

| 材料 ingredient |

大白菜500克、肉末300克、葱少许、姜末少许

| 调味料 seasoning |

盐1大匙、鸡粉1大匙、酱油1小匙、香油少许

| 腌料 pickle |

米酒少许、盐少许、淀粉1小匙

| 做法 recipe |

1. 肉末用全部腌料腌约10分钟备用。
2. 大白菜洗净切片、汆烫，放入冷水中泡凉再沥干备用。
3. 将烫过的白菜硬梗削薄，擦干水分，撒上一层淀粉（分量外），包入腌好的肉末卷起固定。
4. 在每卷白菜上切四刀（不可切断）即为佛手白菜，放入锅中蒸约25分钟即取出摆盘。
5. 将蒸白菜卷的汁倒入锅内，加入盐、鸡粉、酱油煮开，以水淀粉（分量外）勾薄芡，再淋少许香油，最后淋在摆盘的佛手白菜上即可。

323 白菜卷

| 材料 ingredient |

大白菜外叶4片、肉末150克、虾仁150克、荸荠6颗、蒜末10克、姜末10克、淀粉1/2小匙、水淀粉少许

| 调味料 seasoning |

A 盐1/2小匙、鸡粉1/4小匙、糖1/4小匙、陈醋1小匙、米酒1大匙、胡椒粉少许、香油1小匙

B 香油少许、盐少许、高汤150毫升

| 做法 recipe |

1. 将大白菜外叶用水一片片洗净后捞出，再放入沸水中汆烫、捞出备用。
2. 虾仁去肠泥、剁成泥；荸荠洗净去皮，拍扁后剁碎。
3. 取碗，放入虾泥、荸荠碎、肉末、蒜末、姜末、淀粉和调味料A一起搅拌至黏稠状即为馅料。
4. 取一片白菜叶铺平，放入适量馅料后再将白菜卷起包好，重复此动作至白菜叶用毕。
5. 取一蒸锅，将做好的白菜卷放入蒸锅中以大火蒸约15分钟。
6. 另热锅，倒入调味料B的高汤和盐调味，再以水淀粉勾芡后滴入香油拌匀起锅，淋在蒸好的白菜卷上即可。

324XO酱白菜

| 材料 ingredient |

包心白菜……………… 300克
XO酱…………………… 2大匙

| 调味料 seasoning |

蚝油……………………1大匙
盐 ……………………… 1/4小匙
糖 ……………………… 1/4小匙

| 做法 recipe |

1. 将根部相连的半边包心白菜洗净并沥干备用。
2. 将XO酱和调味料混合拌匀备用。
3. 将调好的酱料，均匀地涂抹在备好的每一叶包心白菜的叶面上，切面朝下摆入盘中，放入锅内蒸约30分钟后，取出切成小段即可。

325葱油茭白

| 材料 ingredient |

茭白120克、胡萝卜10克、黑木耳5克、秋葵30克

| 做法 recipe |

1. 茭白洗净去壳，切成条；胡萝卜洗净去皮，切成条；黑木耳洗净切条；秋葵洗净去蒂头，切条。
2. 将所有材料混合均匀，放入蒸盘中，淋上调味料。
3. 取一蒸锅，锅中加入适量水，将蒸盘放在蒸架上，盖上锅盖以大火蒸约7分钟即可。

| 调味料 seasoning |

葱油肉酱4大匙

葱油肉酱

材料：
红葱酥50克、肉泥末300克、蒜末30克、红辣椒末10克、蚝油2大匙、酱油1大匙、米酒3大匙、糖2大匙、白胡椒粉1小匙

做法：
取锅，倒入少许油烧热，放入蒜末、红辣椒末爆香，加入肉泥末炒至肉发白，再加入其余材料拌匀，煮至滚沸即可。

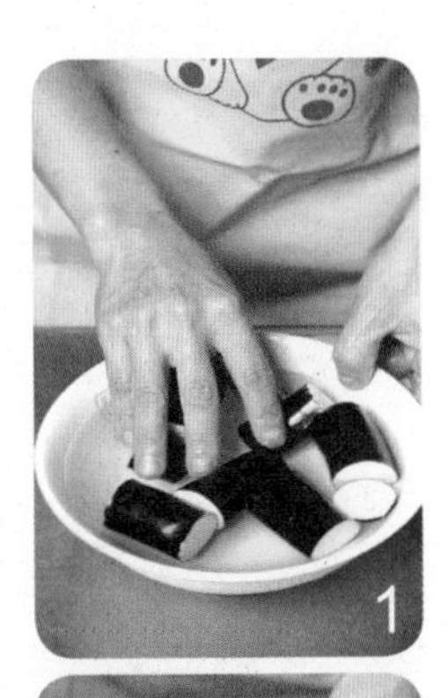

326 蒸茄瓜

| 材料 ingredient |

茄子……………………300克
地瓜……………………150克

| 调味料 seasoning |

蒜末……………………10克
酱油……………………2大匙
糖……………………1大匙
香油……………………1小匙

| 做法 recipe |

1. 茄子切段，泡入盐水中备用（见图1）。
2. 地瓜洗净去皮，切成长度与茄子相同的片（见图3），泡入水中备用。
3. 在茄子中间横切一刀（不要切断）（见图2）。
4. 将地瓜的一边削薄，塞入横切的茄子中间，放入蒸锅中蒸约15分钟即可（见图4~5）。
5. 所有调味料拌匀，食用时可搭配增味。

327 奶油蒸茭白

| 材料 ingredient |

茭白300克、胡萝卜30克、葱1根、姜5克

| 调味料 seasoning |

奶油1大匙、盐少许、黑胡椒粒少许、香油1小匙

| 做法 recipe |

1. 将茭白剥去外壳，洗净切成块备用。
2. 胡萝卜洗净切片；葱洗净切成段备用；姜洗净切片。
3. 取一个圆盘，把茭白块、胡萝卜片、葱段、姜片放入盘中，加入所有的调味料，用耐热保鲜膜将盘口封起来。
4. 把盘子放入电锅中，于外锅加入1杯水，蒸约15分钟至熟即可。

328 豆酱蒸桂竹笋

| 材料 ingredient |

桂竹笋……200克
肉丝……50克
泡发香菇……2朵
姜末……5克
葱丝……适量

| 调味料 seasoning |

黄豆酱……3大匙
辣椒酱……1大匙
细砂糖……1小匙
香油……1小匙

| 做法 recipe |

1. 桂竹笋洗净，切粗条汆烫后冲凉沥干；泡发香菇切片，备用。
2. 将所有调味料拌匀后加入桂竹笋条及肉丝、姜末略拌后装盘。
3. 电锅外锅倒入1/3杯水，放入做法2的盘子，按下开关蒸至开关跳起后，撒上葱丝即可。

329 红曲酱煮白萝卜

| 材料 ingredient |

白萝卜……50克
胡萝卜……80克
姜……10克
葱……1根

| 调味料 seasoning |

红曲酱……3大匙
水……500毫升
盐……少许
白胡椒粉……少许

| 做法 recipe |

1. 将白、胡萝卜削去外皮，再切成厚片备用。
2. 把葱洗净切成段；姜洗净切片备用。
3. 取汤锅，放入白、胡萝卜片、葱段、姜片和所有的调味料。
4. 盖上锅盖，以中火焖煮约20分钟至熟即可。

330 蒜蓉圆白菜

| 材料 ingredient |

圆白菜……………120克
胡萝卜……………10克
玉米笋……………20克
小黄瓜……………10克

| 调味料 seasoning |

蒜蓉酱……………3大匙

| 做法 recipe |

1. 圆白菜、胡萝卜、小黄瓜洗净后切片；玉米笋洗净切条。
2. 所有材料混合，放入蒸盘中，淋上调味料。
3. 取一炒锅，锅中加入适量水，放上蒸架，将水煮至沸腾，再将蒸盘放在蒸架上。
4. 盖上锅盖，以大火蒸约8分钟即可。

蒜蓉酱

材料：

蒜仁60克、蚝油3大匙、糖2大匙、米酒2大匙、水100毫升、话梅1颗

做法：

1. 将蒜仁切末备用。
2. 取一锅，将其余材料放入，再放入切好的蒜末拌匀，煮沸即可。

331 豆酱美白菇

| 材料 ingredient |

美白菇140克、胡萝卜10克、西芹10克、白果30克

| 调味料 seasoning |

黄豆酱2大匙

| 做法 recipe |

1. 美白菇洗净去蒂头，用手抓开成束状。
2. 胡萝卜洗净去皮，切成片；西芹洗净去老茎，切片。
3. 将美白菇、胡萝卜片、西芹片、白果混合均匀，放入蒸盘中，淋上调味料。
4. 取一锅，锅中加入适量水，放上蒸架，将蒸盘放在蒸架上，盖上锅盖以大火蒸约10分钟至熟即可。

黄豆酱

材料：

市售黄豆酱100克、糖2大匙、酒2大匙、酱油1大匙

做法：

取一锅，将所有材料加入拌匀，煮至滚沸即可。

332 酱爆杏鲍菇

| 材料 ingredient |

杏鲍菇120克、竹笋（去壳）30克、青椒20克、红甜椒20克

| 调味料 seasoning |

酱爆酱2大匙

| 做法 recipe |

1. 杏鲍菇洗净后切滚刀块；竹笋切片；青椒、红甜椒洗净去籽，切片。
2. 将所有的材料混合，放入蒸盘中，淋上调味料。
3. 取一锅，锅中加入适量水，放上蒸架，将水煮沸。将蒸盘放在蒸架上，盖上锅盖以大火蒸约12分钟即可。

酱爆酱

材料：

甜面酱3大匙、糖3大匙、米酒3大匙、水100毫升

做法：

取一锅，将所有材料加入拌匀，煮至滚沸即可。

333 姜丝枸杞金瓜

| 材料 ingredient |

南瓜……………………150克
枸杞子……………………5克
姜…………………………10克

| 调味料 seasoning |

盐…………………………1小匙
鸡粉………………………1/2小匙
水…………………………50毫升

| 做法 recipe |

1. 南瓜洗净去籽切大块；姜洗净切丝备用。
2. 将切好的南瓜放入盘中，加入姜丝、枸杞子及所有调味料。
3. 放入蒸锅中，以大火蒸约7分钟即可。

334 奶油蒸南瓜

| 材料 ingredient |

南瓜……………………300克

| 调味料 seasoning |

奶油……………………20克
盐………………………1/4小匙
动物鲜奶油……………50毫升

| 做法 recipe |

1. 南瓜充分洗净，剖开去籽带皮切长块，备用。
2. 将南瓜块放入大碗中，加入所有调味料拌匀，移入水已煮沸的蒸笼中，以大火蒸约20分钟即可。

335 椰香煮南瓜

| 材料 ingredient |

南瓜350克、姜10克、洋葱100克、西蓝花100克

| 调味料 seasoning |

椰奶200毫升、盐少许、黑胡椒粒少许、鸡粉1大匙

| 做法 recipe |

1. 将南瓜洗净，连皮切开去籽，切成大块备用。
2. 把姜洗净切片；洋葱洗净切块；西蓝花修成小朵状备用。
3. 取一个汤锅，加入一大匙色拉油（材料外），再加入姜与洋葱以中火先爆香。
4. 将切好的南瓜块和所有调味料依序加入，以中火煮约15分钟。
5. 将修好的西蓝花加入，盖上锅盖继续煮约5分钟即可。

336 蒜香蒸冬瓜

| 材料 ingredient |

冬瓜……300克
蒜仁……5瓣
枸杞子……1/4小匙

| 调味料 seasoning |

细砂糖……1小匙
酱油……2大匙
水……50毫升

| 做法 recipe |

1. 冬瓜洗净，去皮后切块；枸杞子洗净备用。
2. 将冬瓜块、枸杞子、蒜仁放入大碗中，加入所有调味料拌匀，移入水已煮沸的蒸笼中，以大火蒸约30分钟即可。

备注：调味料中的水也可用高汤取代，且蒸煮出来的蔬菜味道会更鲜甜。

337 火腿冬瓜块

| 材料 ingredient |

A 冬瓜300克、火腿100克
B 葱段30克、姜片30克、米酒1大匙、水200毫升

| 调味料 seasoning |

A 盐1/2小匙、糖1/2小匙、鸡粉1/2小匙、米酒1大匙、水300毫升
B 水淀粉适量、香油适量

| 做法 recipe |

1. 冬瓜去皮、去籽，切小块，放入沸水中汆烫去青涩味后，立即捞起备用。
2. 将火腿与材料B一起放入蒸锅中蒸约15分钟至软，取出火腿切小丁备用。
3. 将烫后的冬瓜块与蒸熟的火腿丁一起放入锅中，加入调味料A以中火炖煮至冬瓜呈透明状，再以水淀粉勾薄芡，并淋上香油即可。

338 开洋蒸瓠瓜

| 材料 ingredient |

瓠瓜…………………… 400克
虾米…………………… 40克
姜末……………………5克

| 调味料 seasoning |

盐 …………………… 1/4小匙
高汤…………………… 3大匙
细砂糖 ……………… 1/4小匙
色拉油 ………………1小匙

| 做法 recipe |

1. 虾米放碗里加入开水（淹过虾米），泡约5分钟后洗净沥干备用。
2. 将瓠瓜去皮切粗丝装盘。
3. 将高汤加入虾米、姜末、盐及细砂糖拌匀后与色拉油一起淋至瓠瓜丝上。
4. 电锅外锅倒入1/3杯水，放入盛菜的盘子，按下开关蒸至开关跳起即可。

339 咖喱蒸土豆

| 材料 ingredient |

土豆…………………… 500克
胡萝卜 ……………… 30克

| 调味料 seasoning |

印度咖喱……………… 2大匙
盐 ……………………1小匙
水 …………………300毫升

| 做法 recipe |

1. 土豆、胡萝卜均洗净去皮，切块备用。
2. 将土豆块、胡萝卜块放入大碗中，加入所有调味料拌匀，移入水已煮沸的蒸笼中以中火蒸约25分钟即可。

备注：调味料中的水也可用高汤取代，且蒸煮出来的蔬菜味道会更鲜甜。

340 椰汁土豆

| 材料 ingredient |

鸡腿肉……………………150克
土豆……………………200克
胡萝卜……………………50克
洋葱……………………50克

| 调味料 seasoning |

椰浆……………………150毫升
水……………………50毫升
盐……………………1/2小匙
细砂糖……………………1小匙
辣椒粉……………………1/2小匙

| 做法 recipe |

1. 将土豆、胡萝卜及洋葱去皮洗净后切块，鸡腿肉切小块放入沸水中汆烫约1分钟后洗净，与土豆、胡萝卜及洋葱块放入电锅内锅中。
2. 在电锅内锅中加入所有调味料。
3. 电锅外锅加入1杯水，放入内锅，盖上锅盖后按下开关，待开关跳起后再焖约20分钟取出拌匀即可。

341 蒸酿大黄瓜

| 材料 ingredient |

大黄瓜……………………300克
肉末……………………300克
姜末……………………10克
葱末……………………10克

| 调味料 seasoning |

盐……………………1/4小匙
鸡粉……………………1/4小匙
细砂糖……………………1小匙
酱油……………………1小匙
米酒……………………1小匙
白胡椒粉……………………1/2小匙
香油……………………1大匙

| 做法 recipe |

1. 大黄瓜去皮后横切成厚约5厘米的圆段，用小汤匙挖去籽后洗净沥干，然后在黄瓜圈中空处抹上一层淀粉增加黏性备用。
2. 肉末放入钢盆中，加入盐、鸡粉、细砂糖、酱油、米酒、白胡椒粉、葱末、姜末及香油搅拌至有黏性的肉馅备用。
3. 将肉馅分塞至黄瓜圈中，再用手沾少许香油将肉馅表面抹平后装盘。
4. 电锅外锅倒入1/2杯水，放入装好食材的盘子，按下开关蒸至开关跳起即可。

342黑椒蒸洋葱

|材料 ingredient|

洋葱……300克
葱……1根
蒜仁……3瓣
胡萝卜……20克

|调味料 seasoning|

黑胡椒粒……1大匙
奶油……1小匙
盐……1小匙
鸡粉……1小匙

|做法 recipe|

1. 将洋葱对切后切成丝；葱洗净切段；蒜仁用菜刀拍扁；胡萝卜切丝备用。
2. 取一个圆盘，放入所有食材，再加入所有的调味料，混合拌匀。
3. 用耐热保鲜膜将圆盘的盘口封起来，再放入电锅中，在外锅加1杯水，蒸约15分钟至熟即可。

343蒸素什锦

|材料 ingredient|

泡发木耳……40克
黄花菜……15克
豆皮……60克
泡发香菇……5朵
胡萝卜……50克
竹笋……50克

|调味料 seasoning|

素蚝油……2大匙
细砂糖……1小匙
淀粉……1小匙
水……1大匙
香油……1大匙

|做法 recipe|

1. 黄花菜用开水泡约3分钟至软后洗净沥干；豆皮、胡萝卜、泡发木耳、竹笋、泡发香菇洗净切小块，备用。
2. 将做法1的所有材料及所有调味料一起拌匀后，放入盘中。
3. 电锅外锅倒入1/4杯水，放入装好材料的盘子，按下开关蒸至开关跳起即可。

344 蜜汁蒸莲藕

| 材料 ingredient |

莲藕……600克
圆糯米……120克
水……1000毫升

| 调味料 seasoning |

冰糖……150克
麦芽糖……30克

| 做法 recipe |

1 圆糯米提前泡水洗净沥干；莲藕洗净，削皮后，从头部约2厘米处切开，将每一节莲藕都以此方式分为长短两段（见图1）。
2 取切好的长段莲藕，将圆糯米填入莲藕的孔洞中，约填至八分满（见图2）。
3 盖上较短的一段莲藕，用牙签把长短两段莲藕固定（见图3）。
4 放入电锅内锅中，外锅加入2杯水，按下开关；当开关跳起，再加入2杯水；重复此步骤，共3次（见图4）。
5 在内锅中加入冰糖及麦芽糖，外锅加入2杯水，按下开关再度蒸煮至开关跳起。
6 将锅中莲藕翻面，外锅再加入2杯水，按下开关蒸煮至开关跳起即可。

Tips料理小秘诀

如果喜欢汤汁较浓稠的口感，建议在完成后，将锅移到炉灶加热2~3分钟即可。

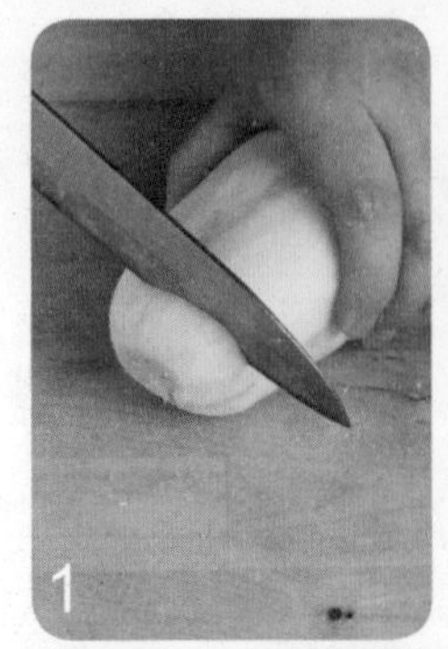

1

2

3

4

345 意式西红柿汤

| 材料 ingredient |

西红柿2个、洋葱丝60克、蒜片10克、香叶1片、百里香少许、九层塔10克、奶酪粉少许、橄榄油1大匙、水400毫升

| 调味料 seasoning |

番茄酱1大匙、味啉1大匙、酱油1大匙

| 做法 recipe |

1. 西红柿去蒂，切成六等份月牙型。
2. 取锅烧热，加入橄榄油，放入洋葱丝、蒜片、切好的西红柿片炒香，再加入所有调味料、香叶和百里香拌炒均匀。
3. 加水煮至滚沸，改转中火再煮3分钟，起锅前放入九层塔，再撒上奶酪粉即可。

346 菜花浓汤

| 材料 ingredient |

菜花150克、洋葱150克、土豆200克、蒜片10克、奶油适量、水300毫升、牛奶300毫升、色拉油适量

| 调味料 seasoning |

盐少许、黑胡椒粉少许、鲜奶油30克

| 做法 recipe |

1. 洋葱洗净切丝；菜花洗净分成小朵；土豆去皮切薄片备用。
2. 锅烧热，加入少许色拉油（分量外）润锅，再加入奶油将蒜片炒香，放入洋葱丝、菜花、土豆片充分拌炒，再加入水和牛奶煮约10分钟。
3. 待汤略冷却，放入果汁机中打成泥，再倒回锅中煮至滚沸，加入所有调味料拌匀即可。

347 蒜香花菜汤

| 材料 ingredient |

花菜…………… 300克
胡萝卜……………80克
蒜仁………………10瓣
色拉油…………1大匙
蔬菜高汤……… 800克
（做法见P127）

| 调味料 seasoning |

盐……………………少许
鸡粉…………………8克

| 做法 recipe |

1. 花菜花洗净，切成小朵后撕除粗皮，放入沸水中汆烫至变色，捞出泡入冷水中，冷却后捞出、沥干水分；胡萝卜洗净，去皮后切片，备用。
2. 锅中倒入1大匙油烧热，放入蒜仁以小火炒至表皮稍微呈褐色，加入处理后的花菜、胡萝卜拌炒均匀，再加入蔬菜高汤以大火煮开后，改中火继续煮至花菜熟软，以盐和鸡粉调味即可。

348 咖喱蔬菜汤

| 材料 ingredient |

A 西蓝花30克、胡萝卜100克、土豆150克、西红柿1个、蘑菇50克、玉米80克、洋葱丝1/2大匙、蒜仁2瓣

B 奶油适量、水500毫升、牛奶300毫升

| 调味料 seasoning |

柴鱼酱油1大匙、咖喱块25克、咖喱粉1大匙

| 做法 recipe |

1. 西蓝花洗净切小朵，放入沸水中汆烫至翠绿，捞起泡冷水待凉后，沥干备用。
2. 胡萝卜、土豆洗净去皮，西红柿、蘑菇一起均切成粗丁；玉米切段、蒜切末，备用。
3. 锅烧热，加入少许色拉油（分量外）润锅，再加入奶油将蒜末、洋葱丝炒香，放入做法2的所有材料充分拌炒后关火。
4. 加入咖喱粉拌炒均匀，倒入水后再次开火煮约20分钟，加入牛奶、柴鱼酱油和咖喱块边煮边拌匀即可。

349 南瓜浓汤

| 材料 ingredient |

南瓜（带皮） 300克
炒过的松子…… 20克
蒜末…………… 10克
蔬菜高汤… 400毫升（做法见P127）
牛奶……… 250毫升
奶油…………… 30克
橄榄油……… 1大匙

| 调味料 seasoning |

盐……………………少许
黑胡椒粉…………少许
西芹末………………少许

| 做法 recipe |

1. 将南瓜洗净，去籽后切小片。
2. 热锅放入奶油和橄榄油烧热，加入蒜末小火炒出香味，再加入南瓜片充分拌炒，倒入蔬菜高汤大火煮开，改中小火继续煮至南瓜熟软，熄火备用。
3. 待煮熟的南瓜微凉时放入果汁机中，加入炒过的松子搅打成泥，再倒回锅中加入牛奶以中火煮至接近滚沸，以盐调味后盛出，最后撒上黑胡椒粉与欧芹末即可。

350 爽口圆白菜汤

| 材料 ingredient |

圆白菜……………………150克
白萝卜…………………… 300克
鲜香菇………………………2朵
大米………………………… 20克
水…………………… 1000毫升

| 调味料 seasoning |

柴鱼素……………………10克
味啉…………………… 10毫升

| 做法 recipe |

1. 圆白菜剥下叶片洗净，切成粗丝；鲜香菇洗净切片，备用。
2. 白萝卜洗净，去皮后切成约4厘米长的粗条；大米放入纱布袋中封口绑好备用。
3. 将水、白萝卜条、米袋放入汤锅，大火煮开后改中小火煮至白萝卜呈透明状，再加入圆白菜和鲜香菇片继续煮约1分钟，以柴鱼素、味啉调味后熄火，取出大米袋即可。

351 菌菇汤

| 材料 ingredient |

什锦菇……………………120克
（金针菇、鲜香菇、杏鲍菇）
豌豆芽……………………10克
香油…………………… 1大匙
水…………………… 400毫升
磨碎白芝麻……………… 少许

| 调味料 seasoning |

酱油………………… 1/2小匙
米酒…………………… 2大匙
盐………………………… 少许

| 做法 recipe |

1. 将什锦菇去蒂洗净，切片或切段；豌豆芽切段，备用。
2. 锅烧热，加入香油，放入什锦菇炒香，再加入水煮至滚沸。
3. 加入所有调味料和豌豆芽段再煮1分钟，上桌前撒上磨碎白芝麻即可。

352高山野菜锅

| 材料 ingredient |

圆白菜……………100克
山苏………………100克
萝卜菜……………100克
贝芽菜………………50克
茄子…………………80克
西红柿……………100克

| 调味料 seasoning |

素高汤………1200毫升
盐…………………2小匙
香菇粉……………1小匙

| 做法 recipe |

1. 将圆白菜洗净剥片；山苏、萝卜菜洗净切段；贝芽菜洗净；茄子切片；西红柿切瓣，备用。
2. 将圆白菜、茄子及西红柿放入锅中，加入素高汤炖煮10分钟。
3. 放入萝卜菜、贝芽菜及山苏煮软至熟，并加入调味料拌匀即可。

素高汤

材料:

胡萝卜500克、白萝卜250克、鲜香菇100克、玉米200克、西芹100克、水3000毫升

做法:

1. 将所有蔬菜材料洗净，胡萝卜、白萝卜、西芹切大块；鲜香菇对切；玉米切大块，备用。
2. 将所有蔬菜放入深锅中，加水煮沸。
3. 转小火熬煮90分钟，捞除材料留高汤即可。

353 魔芋白菜锅

| 材料 ingredient |

大白菜……………………200克
魔芋丝……………………100克
袖珍菇……………………50克
西蓝花……………………50克
葱花………………………10克

| 调味料 seasoning |

素高汤……………1200毫升
（做法见P.247）
盐………………………2小匙
香菇粉…………………1小匙

| 做法 recipe |

1. 将大白菜洗净剥片；袖珍菇洗净；西蓝花洗净切小朵，备用。
2. 将大白菜、袖珍菇及魔芋丝放入锅中，加入素高汤炖煮10分钟。
3. 放入西蓝花及葱花煮至熟，并加入其余调味料拌匀即可。

354 百菇什锦锅

| 材料 ingredient |

蘑菇……………………50克
鲜香菇…………………50克
杏鲍菇…………………50克
蟹味菇…………………100克
金针菇…………………50克
水晶菜…………………50克

| 调味料 seasoning |

素高汤……1000毫升
（做法见P.247）
酱油……………1小匙
盐………………1小匙
香菇粉…………1小匙

| 做法 recipe |

1. 蘑菇、鲜香菇洗净；杏鲍菇洗净切块；蟹味菇、金针菇洗净剥散，备用。
2. 水晶菜洗净切段烫熟备用。
3. 将除水晶菜外的所有食材放入锅中，加入素高汤炖煮20分钟。
4. 加入所有调味料调味，食用前加入烫熟的水晶菜即可。

食谱示范：田樽升

355 养生山药锅

| 材料 ingredient |

山药……………………200克
红苋菜……………………100克
金针菇……………………100克
蘑菇……………………50克
西红柿……………………150克

| 调味料 seasoning |

素高汤……………………1200毫升
（做法见P247）
盐……………………2小匙
香菇粉……………………1小匙

| 做法 recipe |

1. 山药去皮切滚刀块；红苋菜洗净切段；金针菇洗净剥散；蘑菇洗净对切；西红柿洗净切片，备用。
2. 将山药、金针菇、蘑菇、西红柿放入锅中，加入素高汤、所有调味料炖煮20分钟。
3. 加入红苋菜烫至熟即可。

356南瓜蔬菜锅

|材料 ingredient|

南瓜……………………300克
绿栉瓜………………100克
茄子……………………100克
胡萝卜………………100克
土豆……………………100克
水晶菜………………100克

|调味料 seasoning|

什锦蔬菜高汤1000毫升
盐…………………………2小匙
糖…………………………1小匙

|做法 recipe|

1. 将南瓜去皮去籽，放入蒸锅中蒸熟，过滤成泥备用。
2. 将什锦蔬菜高汤加入南瓜泥中调匀，加入调味料调味，即成南瓜汤底备用。
3. 绿栉瓜、茄子洗净切薄片；胡萝卜、土豆洗净去皮切滚刀块；水晶菜去根洗净切段热水焯熟，备用。
4. 将切好的绿栉瓜片、胡萝卜及土豆块加入南瓜汤底中炖煮约15分钟，再加入茄片煮软，食用前加入烫熟的水晶菜即可。

什锦蔬菜高汤

材料：

胡萝卜300克、洋葱150克、西芹200克、蘑菇100克、水3000毫升

做法：

1. 将所有蔬菜材料洗净，胡萝卜、西芹切大块；蘑菇对切；洋葱去皮切大块备用。
2. 将做法1的材料放入深锅中，加入煮沸。
3. 转小火熬煮1小时，捞除材料留高汤即可。

357 寿喜烧

寿喜烧酱汁

材料：
水200毫升、米酒200毫升、酱油180毫升、白糖100克

做法：
米酒倒入锅中煮至略沸腾，再加入其他材料煮溶即可。

| 材料 ingredient |

牛五花肉片300克、洋葱200克、葱段50克、牛蒡丝100克、烤豆腐3块、魔芋丝90克、金针菇200克、鲜香菇50克、蟹味菇50克、豌豆芽20克、大白菜400克、乌龙面1包、牛油适量、鸡蛋1个

| 调味料 seasoning |

寿喜烧酱汁适量

| 做法 recipe |

1. 洋葱洗净沥干，对切后再切片；金针菇去蒂洗净沥干；鲜香菇、蟹味菇和豌豆芽洗净沥干；大白菜洗净沥干，剥成片备用。取一炒锅以小火加热后，放入牛油，均匀涂抹于全锅后取出。
2. 将葱段和洋葱片放入锅中略炒上色，再平铺上牛五花肉薄片。
3. 倒入适量寿喜烧酱汁，以中火煮沸后改转小火慢煮，并以筷子适时翻动肉片。
4. 将鸡蛋打入碗中拌匀，待肉片变色，即可挟起肉片蘸蛋液食用。
5. 肉片快食用完毕时，可放入牛蒡丝、烤豆腐、魔芋丝、金珍菇和鲜香菇，倒入适量的寿喜烧酱汁，再放入大白菜、豌豆苗和蟹味菇续煮。
6. 待锅内食材煮熟后，即可一边挟起锅内的食材蘸蛋液食用。将锅内食材全都吃完后，把剩余食材捞干净。
7. 将乌龙面放入沸水中汆烫，捞起沥干。在锅中倒入适量寿喜烧酱汁，以小火略加热煮至滚沸，再放入乌龙面拌煮至外观上色后食用即可。

358 有机蔬菜锅

| 材料 ingredient |

有机红苋菜……50克
有机萝卜菜……100克
水晶菜……100克
秀珍菇……30克
金针菇……50克
鲜香菇……30克
蘑菇……30克
四季豆……50克
胡萝卜……30克

| 调味料 seasoning |

什锦蔬菜高汤1000毫升
（做法见P250）
盐……2小匙

| 做法 recipe |

1. 有机红苋菜、有机萝卜菜、水晶菜洗净切段；秀珍菇、金针菇洗净剥散；鲜香菇、蘑菇洗净；四季豆去头尾剥除粗筋；胡萝卜去皮切块，备用。
2. 将鲜香菇、蘑菇、秀珍菇、金针菇、四季豆、胡萝卜放入锅中，加入什锦蔬菜高汤及调味料炖煮10分钟。
3. 食用前再放入有机红苋菜、有机萝卜菜、水晶菜烫熟即可。

359 芦笋鲜菇豆浆锅

| 材料 ingredient |

芦笋……100克
鲜香菇……50克
蟹味菇……100克
胡萝卜……100克
西蓝花……50克
豆浆……600毫升

| 调味料 seasoning |

什锦蔬菜高汤……600毫升
（做法见P250）
盐……1小匙

| 做法 recipe |

1. 将豆浆和什锦蔬菜高汤以1：1的比例加入锅中制成豆浆汤底备用。
2. 芦笋洗净削除粗皮；鲜香菇洗净；蟹味菇洗净剥散；胡萝卜洗净切片；西蓝花洗净切小朵，备用。
3. 将所有蔬菜材料放入锅中，加入豆浆汤底与所有调味料，炖煮10分钟即可。

360 鱼片野菜海带锅

| 材料 ingredient |

水晶菜100克、胡萝卜100克、小黄瓜200克、茄子80克、鲜香菇50克、蘑菇30克、鲜鱼150克

| 调味料 seasoning |

海带高汤1500毫升、盐2小匙

| 做法 recipe |

1. 将鲜鱼去骨切片；水晶菜洗净切段；胡萝卜去皮切片；小黄瓜、茄子洗净切片；鲜香菇、蘑菇洗净，备用。
2. 将除鱼片与水晶菜外的其余材料放入锅中，加入海带高汤与调味料，炖煮20分钟，再放入鱼片与水晶菜煮熟即可。

海带高汤

材料：

海带100克、水3000毫升

做法：

1. 将海带用纸巾沾水将表面擦洗干净，剪成适当长度的段。
2. 取深锅放入处理过的海带，加水煮至沸腾，转小火继续熬煮约30分钟即可。

361 甘露杏鲍菇锅

| 材料 ingredient |

杏鲍菇……………………50克
大白菜……………………200克
胡萝卜……………………100克
西蓝花……………………100克

| 调味料 seasoning |

海带高汤…………1000毫升
（做法见P253）
盐……………………………1小匙
日式酱油……………1.5大匙
味啉…………………………2小匙

| 做法 recipe |

1. 杏鲍菇、胡萝卜去皮洗净切片；大白菜洗净剥片；西蓝花洗净切小朵，备用。
2. 将做法1所有食材放入锅中，加入海带高汤、盐、日式酱油、味啉炖煮15分钟即可。

362 美白西红柿锅

| 材料 ingredient |

牛奶…………………300毫升
莲子…………………………30克
薏米…………………………30克
西红柿……………………200克
芦笋…………………………50克
秀珍菇……………………80克

| 调味料 seasoning |

西红柿高汤…………900毫升
（做法见P255）
盐……………………………2小匙

| 做法 recipe |

1. 莲子、薏米洗净，在冷水中泡约3小时备用。
2. 西红柿洗净切瓣；芦笋洗净削除粗皮；秀珍菇洗净剥散，备用。
3. 将牛奶和西红柿高汤以3：1的比例加入锅中，制成西红柿牛奶汤底备用。
4. 将所有食材放入锅中，加入西红柿牛奶高汤、盐，炖煮15分钟即可。

363 洋葱西红柿锅

| 材料 ingredient |

洋葱200克、西红柿400克、鸡肉150克、芦笋30克、魔芋丝50克

| 调味料 seasoning |

西红柿高汤1200毫升、盐2小匙

| 做法 recipe |

1. 洋葱去皮切丝；西红柿洗净切大瓣；芦笋洗净削除粗皮，备用。
2. 鸡肉洗净切大块备用。
3. 将洋葱丝、西红柿、芦笋、鸡肉块放入锅中，加入西红柿高汤及盐炖煮20分钟即可。

Tips料理小秘诀

做汤底选用的西红柿最好是比较软、口味较酸且汤汁多的品种，煮出来的汤头味道才会足够，不建议使用味道清淡且汤汁少的西红柿品种，或是口味太甜的圣女果。

西红柿高汤

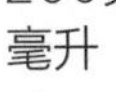

材料：

西红柿500克、洋葱300克、胡萝卜200克、水3000毫升

做法：

1. 将所有蔬菜材料洗净，西红柿、胡萝卜切大块；洋葱去皮切大块，备用。
2. 将做法1的材料放入深锅中，加水煮沸。
3. 转小火熬煮1小时，捞除材料留高汤即可。

山菜野菜篇

山菜野菜料理

来自山野间的绝佳美味

野菜，
顾名思义就是山野里生长的青菜。
因现代人需求的增加，
也开始有菜农进行栽种及培育野菜，
在传统市场或大型超市中，
也时常可见大众较为熟知的野菜踪影。

随着人们健康意识的提高，
野菜这类讲求原色原味的食材，
反而成了炙手可热的山野美味。

认识山野间的绝佳美味

制作野菜菜肴必知123

1. 由于野菜属性较寒凉，所以在烹调时最好加入适量的姜、香油、米酒等较为温热的配料作为中和之用，避免食用过多生冷食材而导致身体不适。

2. 野菜生长时通常无人照顾，所以烹调前一定要先将菜叶洗净，并将较老的菜梗、叶片摘除，如此可增添食用时的口感。

3. 在烹调前，先将野菜放入沸水中稍作汆烫，可去除些许野菜的苦涩口感。

4. 将汆烫后的野菜食材泡入冰水中，可以保持菜叶的翠绿色泽，让起锅盛盘的野菜看起来也更为可口。

山苏

夏季产量较丰，目前在各地传统市场中，常可见山苏踪影。山苏为山间野菜，主要是采其嫩叶食用，早期以原住民食用居多，但后来因掀起一阵食野菜风潮，所以山苏也变成相当普遍的食材。

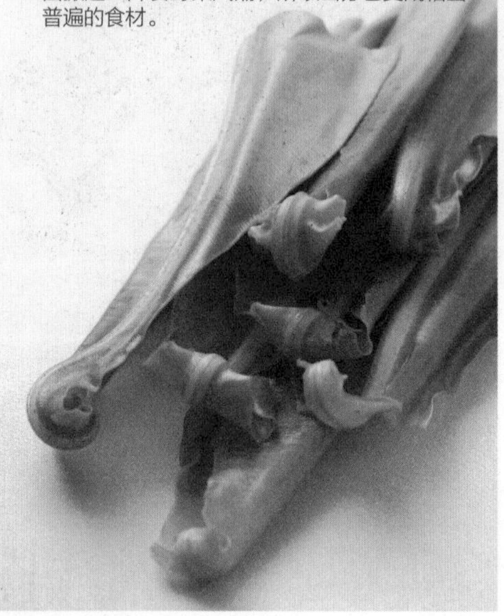

龙须菜

产期主要集中于4~10月，是佛手瓜前端之嫩茎蔓，算是相当常见的野菜之一，只要是生产的季节，在传统市场或超市均容易购得。龙须菜因前端之嫩芽状似龙须而得名，大都选择以凉拌、热炒的烹调方式。

山苦瓜

苦中带着些许甘甜味的山苦瓜，尝起来可以说是别有一番滋味。但因山苦瓜属寒性食材，所以不适合一次食用过多。烹调方式相当多样化，不管是凉拌、热炒或煮汤都很适合，只是因为苦瓜特殊的口感，不一定人人都喜欢。

蕨菜

产期主要集中于5~10月，但一年四季均可种植，也是在各地市场中相当常见的野菜之一。选购时应挑选嫩芽向内卷曲、末端展开，且菜叶梗新鲜翠绿，叶梗尾易折断者为佳。为保持蕨菜的最佳口感，应趁品质尚新鲜时，当天现买现烹调。

山茼蒿

此处介绍的山茼蒿亦是茼蒿品种中的一类，外观看起来和一般大家所熟知的茼蒿菜也许不太一样，但吃起来的味道和口感却差不多。不管是加配料热炒、煮汤或加入火锅中一起烹煮，都是很美味的吃法。

木耳菜

产期主要集中于3~11月，当木耳菜长至30厘米左右时应趁尚未开花之际，从分枝处摘下。烹调方式可任意选择，并无特别限定，可以热炒、煮汤等方式烹调。

川七

选购川七时，应以叶片色泽翠绿、外形完整为佳，但因其中可能掺杂了老叶和老梗的部分，所以烹调前别忘了将其摘除。川七的烹调方式以煮汤和热炒居多，为保证菜叶的新鲜度，应该尽早处理并食用完毕。

半天笋

半天笋俗称槟榔心，通常取下槟榔树中的槟榔心后，这棵树就无法继续成长，所以槟榔心的价格较贵。由于现在对于半天笋的接受度相当高，所以在超市或传统市场中，常可见包装完好或新鲜的半天笋供挑选。烹调方式相当多变，不管是凉拌、热炒或煮汤，都相当美味。

青木瓜

木瓜绝对是女性最爱的圣品之一。不管是当水果食用的木瓜，或是烹调用的青色木瓜，各有不同滋味。不过青木瓜不是处处都能买到，建议可到各地的传统市场先向菜贩预定。青木瓜的烹调方式，从凉拌、热炒到煮汤，可说是样样皆宜，而且滋味令人称赞。

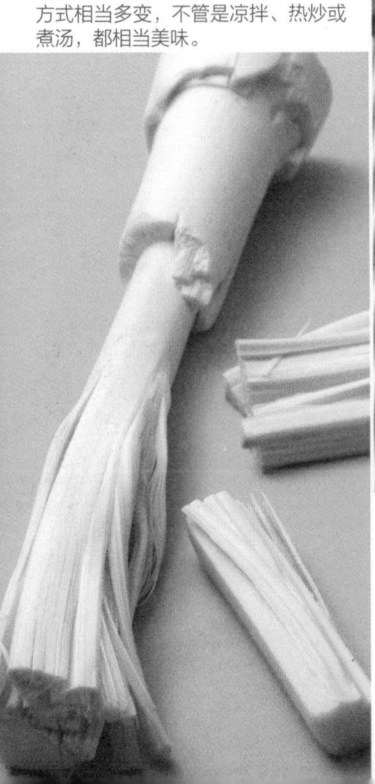

香椿

产期主要集中于4~10月，是美食菜肴中常出现的一种食材，而且用法相当广泛，除了在烹调上直接运用外，还可以将香椿叶磨成粉，加入菜肴中提味。此外香椿叶也可以直接代茶饮用。

人参菜

别名土人参，以嫩叶的口感最佳，和姜丝或姜片一起大火快炒，清脆可口；根茎部则可放入汤中炖煮，还可治疗由肺和气管引起的各种咳嗽，及辅助治疗失眠、健忘、脑神经衰弱等疾病。一年四季都有生长，以冬季、春天为盛产期。

红凤菜

产期主要集中于1~6月，产季期间常可于普通市场中购得。选购采买时，以叶片外形完整，且叶片青紫色颜色对比明显，菜梗容易折断者为最佳。

紫苏

紫苏叶不仅是好的配料，还可以不同的烹调方式作出美味佳肴。紫苏叶又分为绿色叶种和红色叶种两大类，图片中的红色叶种紫苏叶除了常被拿来搭配制作紫苏梅外，更可放入油锅中炸至酥脆，并搭配腰果一同食用，吃起来的口感会让你对紫苏叶的印象大大改观。

山芹菜

产期主要集中于3~5月及10~12月，选购时以叶片完整新鲜、颜色翠绿为最佳。山芹菜非常适合用凉拌、热炒等烹调方式。在烹调前，最好先将较老的叶片摘除，如此在食用时口感会较佳。

水莲

水莲是睡莲科植物的茎，细如绳子，口感香脆爽口，带着淡淡莲花香气，直接热炒或凉拌皆适宜，是很热门的野菜之一。水莲根茎呈海绵状，且含有很多水分在内，炒的时候必须以大火快炒数下，才能保留住水分。一年四季都有生长。

芋梗

芋是很常见的植物，各部位各有不同的用途。芋梗是芋的茎，以节俭著称的客家人会拿它做成菜肴。因芋梗清脆爽口，已经成为野菜的代表菜之一，一年四季都有生产，各地的产期不同。另外，也可用来治疗泻痢、肿毒。

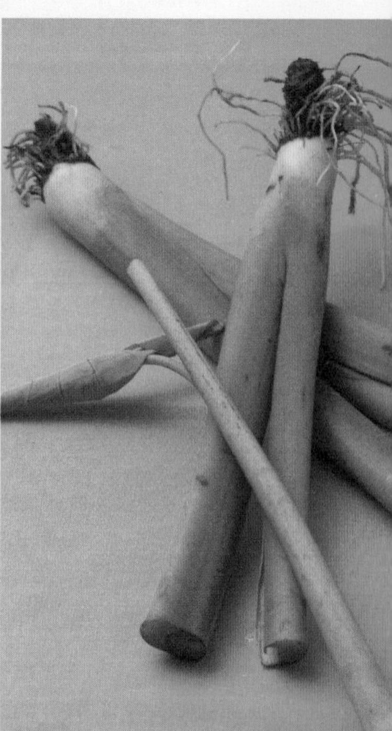

364 山苏炒丁香

| 材料 ingredient |

山苏150克、小鱼干50克、葱1根、老姜10克、水150毫升、色拉油适量

| 调味料 seasoning |

黄豆瓣酱1大匙、砂糖1大匙、米酒1大匙、香油1大匙

| 做法 recipe |

1. 山苏去尾部老梗后，洗净沥干；小鱼干略冲水后沥干；葱洗净切斜片；老姜洗净沥干，切菱形片备用。
2. 取锅，倒入150毫升的水煮至滚沸，放入山苏略汆烫后，捞起泡入冰水中约1分钟，再捞起沥干备用。
3. 另起锅，加入适量油烧热后，放入葱片、老姜片和小鱼干炒香后，再放入汆烫过的山苏和调味料略炒匀即可。

Tips料理小秘诀

烹饪前要将外面及藏在叶片中的老梗全部摘除干净，因为这些老梗韧性强、纤维粗，若一起烹调，会让菜的口感大打折扣。

365 黄芥末拌山苦瓜

| 材料 ingredient |

山苦瓜……150克
红甜椒……10克
水……300毫升
盐……少许

| 酱汁 sauce |

黄芥末粉……2大匙
砂糖……1小匙
白醋……1小匙
米酒……4大匙

| 做法 recipe |

1. 将酱汁材料混合拌匀后备用。
2. 山苦瓜洗净沥干，去籽，切成约5厘米长的条块；红甜椒洗净切丝备用。
3. 取锅，倒入300毫升的水煮至滚沸，先加入少许盐，再放入块状山苦瓜烫约2分钟后，捞起泡入冰水中约1分钟，再捞起沥干盛盘。
4. 将红甜椒丝撒在盘中山苦瓜块上，再淋上混合的酱汁即可。

366淇淋山苦瓜

| 材料 ingredient |

山苦瓜150克、小鱼干20克、葱10克、蒜仁10克、红辣椒10克、淀粉适量、色拉油200毫升、麦淇淋10克

| 调味料 seasoning |

盐1/2小匙、白胡椒粉1/2小匙

| 做法 recipe |

1. 山苦瓜洗净沥干后，先去籽再切成约5厘米长的片；小鱼干略冲水后沥干；葱、蒜仁、红辣椒洗净沥干，切末备用。
2. 将山苦瓜片沾裹上适量的淀粉备用。
3. 取锅，倒入200毫升油以中火加热至油温约120℃后，放入山苦瓜炸约3分钟至干后，捞起沥油备用。
4. 将小鱼干放入锅中，略炸至香味溢出，再捞起沥油备用。
5. 取锅，加入麦淇淋和葱末、蒜末、红辣椒末炒香后，再放入炸过的山苦瓜片、小鱼干和调味料略炒匀即可。

367酿山苦瓜

| 材料 ingredient |

山苦瓜500克、肉末200克、蒜末20克、葱末20克、红辣椒丝10克、淀粉少许

| 腌料 pickle |

酱油1大匙、米酒1大匙、砂糖1/2小匙、盐1/4小匙、淀粉少许

| 调味料 seasoning |

蚝油2大匙、高汤100毫升、鸡粉1/4小匙、水淀粉少许、香油少许

| 做法 recipe |

1. 山苦瓜洗净后去蒂，对半切开，用汤匙挖出籽及白膜备用。
2. 取一容器，放入肉末、蒜末、葱末及所有腌料用手抓均匀，腌15分钟备用。
3. 将山苦瓜内外抹上一层薄薄的淀粉，填入调味的肉末后再抹上少许淀粉制成镶肉山苦瓜备用。
4. 起锅，放入足以盖过苦瓜的油量，烧热至油温约160℃时，先放入镶肉山苦瓜以小火油炸约2分钟即捞起沥油，再放入蒸笼中以大火蒸约20分钟取出摆盘。
5. 另取一锅，倒入100毫升的高汤、蚝油、鸡粉煮沸后，放入水淀粉勾芡，再滴入香油拌匀起锅，淋在蒸好的山苦瓜镶肉上，最后撒上红辣椒丝即可。

368 咸蛋炒山苦瓜

| 材料 ingredient |

山苦瓜200克、咸蛋30克、蒜仁10克、红辣椒5克、水200毫升、色拉油适量

| 调味料 seasoning |

盐1/2小匙、砂糖1/2小匙、水1大匙

| 做法 recipe |

1. 山苦瓜洗净沥干后，先去籽再切成约5厘米长的薄片；咸蛋去壳切碎末；蒜仁切末；红辣椒洗净切丝备用。
2. 取锅，倒入200毫升的水煮至滚沸，放入山苦瓜片煮约1分钟后，捞起泡入冰水中约1分钟，再捞起沥干备用。
3. 取锅，加入适量的油烧热后，放入蒜末和红辣椒丝爆香后，再放入处理后的山苦瓜片、咸蛋末和所有调味料略炒匀即可。

369 柴鱼片炒山苦瓜

| 材料 ingredient |

山苦瓜……………200克
柴鱼片……………15克
蒜仁……………2瓣
橄榄油……………1小匙

| 调味料 seasoning |

盐……………1/2小匙
糖……………1/4小匙

| 做法 recipe |

1. 山苦瓜洗净切片；蒜仁切片。
2. 煮一锅水，将山苦瓜汆烫去苦味沥干备用。
3. 取一不粘锅放橄榄油后，爆香蒜片。
4. 放入山苦瓜及调味料炒匀，盛盘后撒上柴鱼片即可。

370 咸菠萝山苦瓜汤

| 材料 ingredient |

山苦瓜……………300克
排骨……………150克
丁香……………10克
嫩姜……………20克
咸菠萝……………2大匙
高汤……………350毫升

| 调味料 seasoning |

砂糖……………1小匙
米酒……………1大匙

| 做法 recipe |

1. 山苦瓜洗净沥干去籽后，切成约5厘米长的块；排骨洗净沥干，剁成块；丁香略冲洗后沥干；嫩姜洗净沥干，切薄片备用。
2. 取汤锅，将高汤、咸菠萝、山苦瓜条、排骨、丁香、嫩姜片和所有调味料放入，煮约30分钟即可。

371 龙须菜炒苍蝇头

| 材料 ingredient |

龙须菜……150克
肉末……80克
豆豉……30克
红辣椒……20克
色拉油……适量

| 调味料 seasoning |

盐……1/2小匙
砂糖……1/2小匙
米酒……1大匙
香油……1小匙
高汤……1大匙

| 做法 recipe |

1. 龙须菜洗净沥干，切成1~2厘米长的段；豆豉略冲水后沥干；红辣椒洗净沥干，去籽切末备用。
2. 取锅，加入适量油烧热后，放入豆豉、红辣椒末、龙须菜菜段、肉末和所有调味料以中火略炒匀即可。

372 香菇炒龙须菜

| 材料 ingredient |

龙须菜……350克
猪肉……20克
姜……5克
鲜香菇……3朵
蒜仁……2颗
红辣椒……1/3个

| 调味料 seasoning |

盐……少许
白胡椒粉……少许
香油……1小匙
糖……1小匙

| 做法 recipe |

1. 将龙须菜洗净沥干，切去老梗，用菜刀切成小段备用。
2. 将猪肉切丝；姜洗净切丝；鲜香菇、蒜仁、红辣椒均洗净切成片备用。
3. 取一个炒锅，先加入一大匙色拉油（材料外），再加入除龙须菜以外所有材料以大火爆香。
4. 将切好的龙须菜与所有的调味料一起加入锅中，以大火翻炒均匀即可。

373破布子龙须菜

|材料 ingredient|

龙须菜150克、胡萝卜5克、嫩姜丝5克、水300毫升

|调味料 seasoning|

破布子1大匙、砂糖1/2小匙、香油1大匙

|做法 recipe|

1. 龙须菜洗净沥干，切成段；胡萝卜洗净沥干，切丝备用。
2. 取锅，倒入300毫升水煮至滚沸，放入龙须菜段、胡萝卜丝略汆烫后，捞起泡入冰水中约1分钟，再捞起沥干备用。
3. 将调味料混合拌匀，再和焯过的龙须菜段、胡萝卜丝、嫩姜丝拌匀即可。

374姜丝清炒红凤菜

|材料 ingredient|

红凤菜……………150克
嫩姜…………………10克

|调味料 seasoning|

胡香油……………1大匙
盐……………………1小匙
米酒…………………1大匙

|做法 recipe|

1. 将红凤菜叶摘下，洗净沥干；嫩姜洗净沥干，切细丝备用。
2. 取锅，加入胡香油烧热后，放入姜丝爆香后，再放入备好的红凤菜和盐、米酒略炒匀即可。

375红凤菜丁香汤

|材料 ingredient|

红凤菜……………150克
小鱼干……………20克
葱……………………1根
嫩姜…………………5克
高汤……………300毫升

|调味料 seasoning|

盐……………………1大匙
砂糖…………………1小匙

|做法 recipe|

1. 红凤菜洗净沥干后，摘取叶部；小鱼干略冲水后沥干；葱洗净沥干，切斜片；嫩姜洗净沥干，切丝备用。
2. 取汤锅，将高汤、红凤菜叶、小鱼干、葱片、嫩姜丝和所有调味料放入，煮至汤汁滚沸即可。

376清炒木耳菜

| 材料 ingredient |

木耳菜……………………300克
嫩姜…………………………20克
色拉油……………………适量

| 调味料 seasoning |

盐…………………………1小匙
砂糖……………………1/2小匙
米酒………………………1大匙

| 做法 recipe |

1. 木耳菜洗净沥干；嫩姜洗净沥干，切菱形片备用。
2. 取锅，加入适量油烧热后，放入姜片爆香，再放入洗净的木耳菜和调味料略炒匀即可。

377木耳菜熘鱼片

| 材料 ingredient |

木耳菜150克、鲷鱼片100克、嫩姜10克、色拉油适量

| 调味料 seasoning |

A 盐1/2小匙、胡椒粉1/4小匙、米酒1小匙、香油1小匙、淀粉1小匙
B 盐1小匙、砂糖1/2小匙、米酒1大匙、香油1大匙

| 做法 recipe |

1. 将木耳菜洗净沥干；鲷鱼片切成小片；嫩姜洗净沥干，切菱形片备用。
2. 将切好的鲷鱼片沾裹上拌匀的调味料A。
3. 取锅，倒入200毫升油以中火加热至油温约80℃时，放入已沾上调味料的鲷鱼片并改以小火慢炸至熟，再捞起沥油。
4. 取锅，加入适量的油烧热后，放入姜片爆香，再放入木耳菜、调味料和炸熟的鱼片略炒匀即可。

378水莲菜炒肉丝

| 材料 ingredient |

水莲菜300克、肉丝200克、鲜香菇20克、胡萝卜20克、蒜末15克、红辣椒末15克、色拉油2大匙

| 腌料 pickle |

盐1/4小匙、米酒1/2大匙、淀粉少许

| 调味料 seasoning |

盐1/2小匙、鸡粉1/2小匙、米酒1大匙

| 做法 recipe |

1. 水莲菜洗净沥干切段；鲜香菇洗净沥干切丝；胡萝卜切丝，备用。
2. 取一容器，放入肉丝及所有腌料搅拌均匀，腌15分钟至入味备用。
3. 热油锅，放入腌好的肉丝以大火过油，直到肉丝颜色变白时，起锅备用。
4. 热锅，倒入色拉油烧热，放入蒜末、红辣椒末爆香后，先放入鲜香菇丝、胡萝卜丝以中火翻炒至香味溢出，再放入水莲菜段以大火快炒数下，最后放入炒好的肉丝及所有调味料拌炒入味即可。

379香菇炒水莲菜

| 材料 ingredient |

水莲菜……250克
鲜香菇……50克
红辣椒……10克
姜……10克
葵花籽油……2大匙

| 调味料 seasoning |

盐……1/4小匙
味精……少许

| 做法 recipe |

1. 水莲菜洗净切段；鲜香菇洗净切片；红辣椒洗净切片；姜洗净切末，备用。
2. 热锅倒入葵花籽油，爆香姜末，放入红辣椒片、鲜香菇片炒香。
3. 锅中放入水莲菜段拌炒均匀，加入所有调味料快炒至入味即可。

Tips料理小秘诀

水莲菜风味清爽脆嫩，没有涩味，适合大火快炒，不宜久煮。水莲菜也可以用黄豆酱调味拌炒，属于客家风味的一道菜。

380 滑蛋蕨菜

| 材料 ingredient |

蕨菜150克、豆豉5克、蒜仁10克、蛋黄1个、水150毫升、色拉油适量

| 调味料 seasoning |

盐1小匙、砂糖1小匙、米酒1大匙、香油1大匙

| 做法 recipe |

1. 蕨菜洗净沥干，直接以手摘成段；豆豉略冲水后沥干；蒜仁拍扁备用。
2. 取锅，倒入150毫升水煮至滚沸，放入蕨菜略汆烫后，捞起泡入冰水中约1分钟，再捞起沥干备用。
3. 取锅，加入适量油烧热后，放入豆豉和蒜仁爆香，再放入汆烫的蕨菜和调味料略炒匀后盛盘。
4. 将蛋黄放置于盛好的蕨菜中间，拌匀即可。

381 姜丝蕨菜

| 材料 ingredient |

蕨菜150克、嫩姜5克、红辣椒5克、水300毫升

| 调味料 seasoning |

盐1小匙、砂糖1/2小匙、香油1大匙

| 做法 recipe |

1. 蕨菜洗净沥干后，切成段；嫩姜、红辣椒洗净沥干后，切丝备用。
2. 取锅，倒入300毫升水煮至滚沸，放入蕨菜、嫩姜丝、红辣椒丝略汆烫后，捞起泡入冰水中约1分钟，再捞起沥干备用。
3. 将调味料混合拌匀，再和汆烫后的蕨菜、嫩姜丝、红辣椒丝拌匀即可。

382 味噌炒蕨菜

| 材料 ingredient |

蕨菜200克、蒜仁2瓣、小红辣椒1个、香油适量、盐适量

| 调味料 seasoning |

味噌拌炒酱2大匙

| 做法 recipe |

1. 蕨菜洗净切适当长段，放入沸水中加盐汆烫至熟，捞起浸泡冷开水，沥干备用。
2. 蒜仁切片；小红辣椒洗净去籽切丝，备用。
3. 热锅，倒入香油，放入蒜片及红辣椒丝炒香，再加入味噌拌炒酱炒匀。
4. 锅中加入烫熟的蕨菜快炒均匀即可。

味噌拌炒酱

材料：

味噌60克、细砂糖40克、米酒50毫升、酱油18毫升、韩式辣椒酱18克

做法：

将所有材料混合，边煮边搅拌至无味噌颗粒，且细砂糖完全溶化即可。

383 姜片炒人参菜

| 材料 ingredient |

人参菜300克、枸杞子30克、嫩姜20克、色拉油2大匙

| 调味料 seasoning |

盐1/2小匙、鸡粉1/4小匙、米酒1大匙

| 做法 recipe |

1. 人参菜洗净沥干，摘下叶片及嫩梗，备用。
2. 枸杞子以冷水浸泡约10分钟后，取出；嫩姜洗净沥干切片，备用。
3. 热锅，倒入色拉油烧热，放入姜片爆香，再放入人参菜以大火快炒数下，最后放入枸杞子及所有调味料拌炒至入味即可。

Tips料理小秘诀

人参菜的铁质含量丰富，但遇热或接触空气后容易变色，最佳秘诀就是以大火快炒便起锅，这样就较不易变色了，菜品好看又好吃。

384 豆酱炒芋梗

| 材料 ingredient |

芋梗600克、姜片30克、白豆酱30克、色拉油2大匙、水100毫升

| 调味料 seasoning |

盐1/4小匙、砂糖1/4小匙、鸡粉1/2小匙

| 做法 recipe |

1. 芋梗洗净，剥去外皮切段；芋梗根部的小芋头削皮切块备用。
2. 热锅，倒入色拉油烧热，爆香姜片后，放入小芋头块以中火炒香，再放入芋梗段炒软后，放入白豆酱炒匀。
3. 锅中加水以小火焖煮约10分钟，放入所有调味料拌炒入味即可。

Tips料理小秘诀

料理芋梗前要将外层硬皮先剥掉，如此吃起来的口感才好。另外，剥好皮的芋梗如不马上烹煮，可放入盐水中浸泡，以免氧化。另外处理芋梗时要注意，手要保持干燥或戴上手套，以免产生瘙痒的过敏反应；如果不小心让湿湿的手碰到发痒了，解决方法是用柠檬汁或盐搓一搓手后，再用冷水冲洗，就能稍微缓解手痒的情况。

385 紫苏腰果

| 材料 ingredient |

紫苏80克、腰果150克、水300毫升、沸水200毫升、色拉油300毫升

| 调味料 seasoning |

砂糖3大匙、盐1小匙

| 做法 recipe |

1. 取锅，倒入300毫升的水煮至滚沸，放入腰果煮约1分钟后，再加入200毫升的沸水和调味料继续煮3分钟再捞起沥干备用。
2. 另取锅，倒入200毫升的油以小火加热至油温约70℃后，放入煮过的腰果炸至呈金黄色，捞起沥油备用。
3. 取锅，倒入100毫升油以小火加热至油温约120℃后，放入紫苏炸约1分钟至酥脆，捞起沥油后，和炸成的腰果拌在一起即可。

386 凉拌山韭菜

| 材料 ingredient |

山韭菜300克、柴鱼片30克、蒜末10克、姜末10克、水1200毫升

| 调味料 seasoning |

蚝油2大匙、酱油3大匙、砂糖1大匙、开水3大匙、香油1/2大匙

| 做法 recipe |

1. 山韭菜洗净；取碗，将蒜末、姜末及所有调味料加入搅拌均匀制成淋汁备用。
2. 取锅，倒入1200毫升的水煮至滚沸，放入洗净的山韭菜汆烫约20秒后捞起，在冰水中泡约10分钟。
3. 取出山韭菜挤干水分，切段并摆盘。
4. 将淋汁淋在盘中的山韭菜上，再撒上少许柴鱼片即可。

387 山茼蒿炒香油鸡片

| 材料 ingredient |

山茼蒿……………300克
鸡胸肉……………100克
老姜………………30克
枸杞子……………5克

| 调味料 seasoning |

黑芝麻油…………2大匙
米酒………………1大匙

| 做法 recipe |

1. 山茼蒿洗净沥干；老姜洗净沥干，切菱形片；鸡胸肉切小片备用。
2. 取锅，加入黑芝麻油烧热后，放入姜片爆香，再放入鸡胸肉片炒熟后，最后加入山茼蒿和枸杞子、米酒略炒匀后盛盘即可。

388 青木瓜炒鸡柳

| 材料 ingredient |

青木瓜300克、鸡胸肉100克、红辣椒5克、葱1根、嫩姜5克、水200毫升、色拉油适量

| 腌料 pickle |

盐1/2小匙、胡椒粉1/4小匙、香油1小匙、淀粉1小匙、米酒1小匙

| 调味料 seasoning |

盐1小匙、砂糖1/2小匙、米酒1大匙、香油1小匙

| 做法 recipe |

1. 青木瓜去皮后洗净去籽，切条；鸡胸肉洗净沥干，切长条；红辣椒洗净沥干，去籽切条；葱洗净沥干，切斜段；嫩姜洗净沥干，切菱形片备用。
2. 取锅，倒入200毫升的水煮至滚沸，放入青木瓜条煮约1分钟后，捞起泡入冰水中约1分钟，再捞起沥干备用。
3. 将腌料全部混合拌匀后，放入鸡肉条，腌渍约5分钟后再取出。
4. 取锅，倒入100毫升油以中火加热至油温约60℃后，放入腌好的鸡肉条炸熟，捞起沥油。
5. 取锅，加入适量油烧热，放入红辣椒条、葱段、姜片爆香后，再放入煮熟过凉的青木瓜、炸过的鸡肉条和调味料略炒匀即可。

389 香椿鸡块

| 材料 ingredient |

香椿50克、鸡腿600克、蒜末10克、土鸡蛋1个、地瓜粉适量

| 腌料 pickle |

盐1/2小匙、砂糖1/2小匙、酱油1大匙、米酒1大匙、胡椒粉少许、淀粉少许

| 做法 recipe |

1. 香椿洗净沥干水分，切碎（留几片叶子不切碎）；土鸡蛋打散成蛋液备用。
2. 鸡腿去骨、洗净切小块备用。
3. 取一容器，放入香椿碎、鸡腿肉块、蒜末及所有腌料腌制约15分钟备用。
4. 将蛋液、地瓜粉放入腌制的鸡腿肉块中搅拌均匀备用。
5. 起油锅，放入约可盖过鸡腿肉块的油量，烧热至油温约160℃时，放入鸡腿肉块以小火油炸约3分钟，转大火炸约10秒逼出油后，捞出沥油盛盘。
6. 锅中放入余下的香椿叶以大火油炸1秒即捞出，与炸好的鸡腿肉块拌匀一起食用即可。

390 香椿烘蛋

| 材料 ingredient |

香椿……………………… 50克
鸡蛋…………………………4个
色拉油 ……………………1大匙

| 调味料 seasoning |

盐 ……………………… 1/2小匙

| 做法 recipe |

1. 将香椿叶摘下，洗净沥干；鸡蛋打散后，加入盐一起拌匀备用。
2. 将香椿叶和蛋液混合后备用。
3. 取锅，加入一大匙油烧热，倒入香椿叶和蛋液混合液，煎熟至香味溢出后切片盛盘即可。

Tips料理小秘诀

鸡蛋含有丰富的蛋白质、维生素等营养元素，平均每个重为50~60克，是营养价值很高的食材。将煎蛋和有特殊味道的香椿结合，也较容易被大家接受。

391 山芹油扬黄豆芽

| 材料 ingredient |

山芹菜 ……………………150克
油扬……………………… 30克
胡萝卜 ………………………5克
黄豆芽 …………………… 20克
嫩姜丝 ………………………5克
红甜椒丝…………………… 少许
水 ……………………350毫升

| 调味料 seasoning |

盐 ……………………… 1/2小匙
砂糖…………………… 1/4小匙
香油…………………………1大匙

| 做法 recipe |

1. 山芹菜洗净沥干后，切成段；油扬略冲清水后，切长条；胡萝卜洗净沥干，切丝备用。
2. 取锅，倒入350毫升的水煮至滚沸，放入山芹菜段、油扬、胡萝卜丝和黄豆芽烫约1分钟后，捞起泡入冰水中约1分钟，再捞起沥干装盘备用。
3. 先将调味料混合拌匀，倒入盘中蔬菜中拌匀再撒上红甜椒丝即可。

392 青黄花菜炒全家福

| 材料 ingredient |

青黄花菜300克、素海参30克、三色魔芋20克、切花胡萝卜片10克、葱1根、嫩姜5克、水300毫升、色拉油适量

| 调味料 seasoning |

盐1小匙、砂糖1/2小匙、米酒1大匙、白胡椒粉1/2小匙、高汤2大匙、水淀粉1小匙、香油1小匙

| 做法 recipe |

1. 青黄花菜洗净沥干；素海参洗净沥干，切斜片；葱洗净沥干，切段；嫩姜洗净沥干，切片备用。
2. 取锅，倒入300毫升水煮至滚沸，放入青黄花菜、素海参片和三色魔芋煮约1分钟后，捞起泡入冰水中约1分钟，再捞起沥干备用。
3. 取锅，加入适量油烧热，放入葱段、姜片爆香，再放入胡萝卜片、青黄花菜、素海参片、三色魔芋和调味料（水淀粉、香油暂不加入）炒匀，最后以水淀粉勾芡，并于起锅盛盘前淋上香油即可。

393 金针笋豆腐鱼片汤

| 材料 ingredient |

金针笋150克、嫩豆腐100克、鱼片100克、胡萝卜30克、黑木耳30克、姜20克、高汤700毫升、水1000毫升、色拉油1大匙

| 调味料 seasoning |

A 盐1小匙、鸡粉1/2小匙、米酒1/2大匙
B 胡椒粉少许、香油少许

| 做法 recipe |

1. 金针笋洗净切段；嫩豆腐切块；胡萝卜、姜切片；黑木耳洗净切片备用。
2. 取一汤锅，倒入水煮沸后，放入鱼片汆烫30秒，捞出备用。
3. 热锅，倒入色拉油烧热，放入姜片爆香后，倒入高汤、豆腐块、胡萝卜片、黑木耳片煮至滚沸。
4. 锅中继续放入金针笋段及调味料A煮约1分钟，再放入已汆烫的鱼片煮熟，最后加入胡椒粉、香油即可。

阳台种菜自己来

蔬菜最怕天气来作对，尤其是平常用来调味的香菜、葱，价格高的时候真令人难以下手，想吃随时都有的便宜蔬菜，就自己种吧，利用阳台小小的空间种几盆，虽然不能天天享用，但偶尔的收成也可以让你省下一些菜钱。

地瓜叶

地瓜叶小档案

- 科　　别　旋花科。
- 生长季节　冬季生长较差，南方地区温暖全年可种。
- 生长适温　25~35℃。
- 水分需求　蔓藤愈长愈容易失水，需注意灌水。
- 繁殖方式　扦插法。
- 日照强度　日照6小时以上。
- 施肥技巧　介质先拌入有机肥，生长期每20天施用追肥。

取15厘米左右带有叶片的枝条来做插穗，只要用扦插法（俗称插枝法）就可以繁殖出一整盆的地瓜叶，注意采取的枝条下要有1~2节位，一定要确实插入至土壤中，让节位可以接触土壤，这是未来长根的位置。

准备较大的花箱或其他宽面的大型盆器，将地瓜插穗依序插入干净的培养土中，可以一根紧接着一根插，或是2~3支为一丛插入土中，这样才会迅速长得饱满。

叶用地瓜就是采食其叶部嫩芽5~6片的茎段，如果地瓜叶已经长出不少枝梢，请尽量采收下来吃。这样一方面能把握其嫩度，另一方面将枝梢采摘就像“摘心”的效果一样，可以让后续的枝条持续分枝旺盛。

地瓜叶的品种很多，叶形有心形、长形、枫叶形等，叶色也有金黄、深绿以及紫色等品种，只要学会“插枝”的技巧，看到不同品种的地瓜叶，也可以自己繁殖出一盆来尝鲜。

地瓜叶是属于“旋花科”的蔬菜，猜猜看它的花朵应该长得什么样呢？没错，真是像极了牵牛花。自己种地瓜叶的另一个乐趣是，等地瓜叶老化开花，还可以欣赏到可爱的喇叭花喔！

苋菜

苋菜小档案

- 科　　别　苋科。
- 生长季节　夏季生长快，南方地区皆可种植。
- 生长适温　20~30℃。
- 水分需求　水分不够茎叶易纤维化。
- 繁殖方式　直播法。
- 日照强度　日照4小时以上。
- 施肥技巧　介质需加入有机肥，定植后施用三要素及液态氮肥。

1 苋菜的种子为黑色小球形，颗粒非常小，播种时采用“撒播”的方式，因为种子太小，所以浇水时尽量用喷水器保持湿度即可，否则种子会被水冲散乱滚。最后记得要覆上保鲜膜，再用牙签戳几个洞透气，不仅可以保持湿度，在温度低时还可保温以提高发芽率！

2 苋菜种子一般3~4天就可以发芽，一发芽就把保鲜膜拉开，以接受温和的阳光。小苋菜的子叶呈现细长形，依然很娇弱，所以仍用喷雾浇水或底盘吸水的方法提供水分 。

3 苋菜有白苋菜和红苋菜之分，从子叶就可以看出端倪，左边是白苋菜，右边则是红苋菜。不过“绿茵葱葱”的蔬菜小盆虽然可爱，但是为了后续植株的成长空间，可得多次间拔，才能养成较大的的植株。

4 苋菜除了直接播在盆里，还可以用“穴盘”来播种，用小夹子将2~3粒种子播在每一穴格内，每棵小苗都有独立的空间可以生长，等小苗生长饱满后再移出定植，存活率会很高，这个方法也适用于多种蔬菜小苗栽培，花市有卖各种不同规格的“穴盘”，您也可以用吃过的喜饼盒里面一格格的塑料盒来做育苗。

5 穴盘苗里的小苗可以有较好的生长空间，根系长饱满后就可以移出到盆栽栽培。如果想要收成的菜量多、吃得饱，那可得用较大的花箱来种植一整盆的苋菜，如果你还在练习，可以先用直径为25~30厘米的圆盆种植几株即可。

园丁小手记

苋菜在居家趣味栽培由于盆器较小，通常株型都不大，不过只要提供足够的空间，苋菜生长速度很快，温暖的气候栽培下3~4星期就可收成。一般市面上卖的苋菜都有30厘米高且带着根，选时要注意茎头能折断者较嫩，红苋菜则选择红斑明显亮丽者为佳。

空心菜

空心菜小档案

- 科　　别　旋花科。
- 生长季节　夏季生长良好，南方全年可种。
- 生长适温　25~35℃。
- 水分需求　空心菜为半水生蔬菜，要充分灌水。
- 繁殖方式　种子直播法、扦插法。
- 日照强度　日照愈充足愈好。
- 施肥技巧　介质拌入有机肥，生长期每个月施用氮肥。

空心菜的种皮较硬，播种前晚要记得先泡水，让种皮软化后发芽率才会一致，只要将种子用网袋（网袋用水槽过滤网即可）装起来浸水超过种子即可。

打开网袋可以看到种皮稍微开裂，胚根略略突出，此时要注意不要再泡水了，否则会让根缺氧窒息，要赶快准备播种！

空心菜长大后体积会变很大，选择的盆子不能太小，圆盆直径要30厘米以上，或是用长花箱等来种植。以5~7厘米间距将种子以条状方式播种，注意种子不要重叠，播种后覆土种子1~1.5倍厚度，并且充分浇水，2~3天种子就会开始发芽了。

空心菜发芽的子叶是可爱的“Y”型叶，看起来生机勃勃，满满的一大盆小YY，不过别忘了做“间拔”的工作，以利于未来空心菜有空间继续长大。

竹叶空心菜约1个多月后，细长的本叶就很茂密了，此时可开始采收，从茎基部留下3~5厘米处开始剪，不用连根拔起。

剩下的茎干看起来光秃秃的，但只需约2星期的时间，又会再长出满满的嫩叶哦！

日本茼蒿

日本茼蒿小档案

- 科　　别　菊科。
- 生长季节　秋季到冬季、春季适宜种植。
- 生长适温　15~25℃。
- 水分需求　土壤干后再浇透，需水量高。
- 繁殖方式　直播法、菜苗。
- 日照强度　日照4~6小时。
- 施肥技巧　介质需加入有机肥，定植后施用液态氮肥。

注意在选苗时，要多请教老板，有些苗抢着出货，根系尚未生长完全，可以再放个4~7天再种，但有的苗已经出货好几天了，小苗停在穴盘太久也会老化，此时就得赶快移苗。

茼蒿施肥主要是以液态肥料为主，这样较容易吸收，但注意尽量要薄施即可，且不要碰到叶片。

以菜苗来培育，缩短了育苗期，大约定植后1个月就已长出多片叶片，这样的大小其实就可以剪下来加到火锅中吃了，先摘掉上层的嫩叶，让下面的侧芽再冒出来。

一般传统茼蒿的叶面较宽，边缘有波浪状，株高只有10厘米，每年10月下旬到次年4月有产出，其他月份因气温较高，茼蒿怕热，所以很难看到茼蒿的踪迹。

茼蒿又称“菊蒿菜”，看过它开花的人无不赞叹其可爱的黄色小菊花，都没想到就是从美味的茼蒿菜开出来的花。每年到了4~5月，茼蒿进入开花的季节，有些观光农场甚至刻意种了茼蒿菜花或是留着一部分的茼蒿不采收让它成熟开花，让大家欣赏一片黄色花海的美丽景致。

园丁小手记

因为日本茼蒿的株型不大，而且是观赏、食用两相宜的叶菜，所以选用个可爱小盆放在窗台当布置欣赏别有一番风味。茼蒿是不耐热的冬季蔬菜，主要赶在冬至及过年围炉时食用，市售茼蒿多少会有农药残留的担忧，所以还是自己种的吃得比较安心。

西蓝花

西蓝花小档案

- 科　　别　十字花科。
- 生长季节　秋末到翌年春天适宜种植。
- 生长适温　15~25℃，花蕾发育需18℃低温感应。
- 水分需求　土壤干后再浇透。
- 繁殖方式　直播法、穴盘苗。
- 日照强度　日照6小时以上。
- 施肥技巧　介质需加入有机肥，定植后多次施用三要素。

1 为了节省时间及避免苗期的风险，最好是直接选购穴盘苗来种植，将小菜苗从穴盘取出后，观察其根系如果呈现白色，此为健康的根毛，且根系已经将土团缠绕，土壤不会掉落，此时已经是可以定植的时机。

2 选择较大的花箱才够未来西蓝花的生长空间，由于叶片要提供花蕾的养分，所以叶片会长得多且大才行。一个花箱种植2~3棵小苗即可，每棵苗需40厘米直径的空间（未来视状况可再拔掉一些），种植时一定要将苗和新土压实才能帮助根系生长。

3 由于西蓝花的栽培期较长，除了预先在介质内拌入有机肥外，之后每两个星期都要施用追肥，前期需要长叶以施用氮肥为主，进入花蕾期就要改用磷、钾肥以帮助花蕾分化及形成。

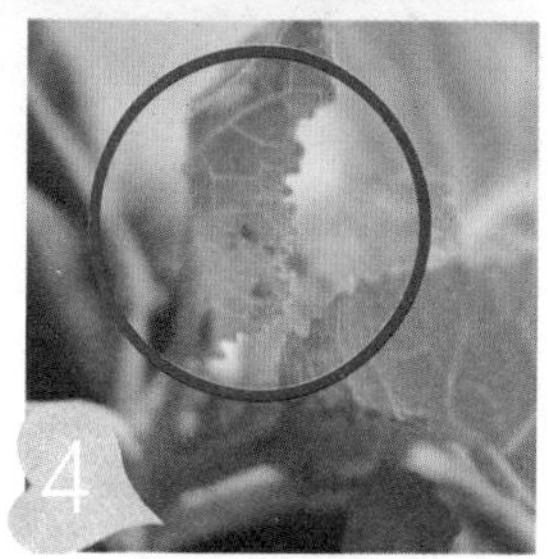

4 西蓝花在花蕾形成前约需要2个月以上的栽培期，此时很容易被病虫害“骚扰”，所以一定要时常观察嫩叶生长的状况，像图示新叶有点皱缩现象，很可能已经被蚜虫寄生，可使用非农药性的方法来克服，例如用水柱冲洗、苦楝油、薰衣草精、香茅草油、牛奶等方式，并且尽量维持植株通风，可降低蚜虫的寄生。

5 西蓝花花蕾的形成需要在18℃以下才能感应，所以一般在台湾夏季是无法生产西蓝花的，除非在高冷地种植或依赖进口，要等到11月后才是比较适合花蕾生成的季节。

园丁小手记

西蓝花花蕾生成时要注意不能缺水，否则会不够饱满。蚜虫也是让十字花科蔬菜头痛的问题，侵袭西蓝花的蚜虫喜欢躲在嫩叶的叶背上，仔细观察才能提早防治，同时会伴随着忙碌的蚂蚁，因为蚂蚁要吸取蚜虫的蜜汁，这也是观察重点。不过在家种菜绝不能使用农药，一些小偏方或非农药防虫剂，在蚜虫族群很多时已经很难救治，必要时还是要放弃，赶快把病株清除干净，以免感染其他植物。

上海青

上海青小档案

- 科　　别　十字花科。
- 生长季节　秋季到春季适宜种植。
- 生长适温　18~28℃。
- 水分需求　土壤干后再浇透，排水需良好。
- 繁殖方式　直播法。
- 日照强度　日照4~6小时。
- 施肥技巧　介质需加入有机肥，定植后施用液态氮肥。

上海青主要以播种方式种植，一包种子就可以播出好几百棵，但是因为它的种子颗粒非常小，如果播得太密，还要疏苗会太辛苦，可以准备一些河沙，大约种子的10倍分量（如果要更疏，河沙比例还可以提高），将河沙和种子混合，用这种“撒播”的方式，即便生手也可以掌控播种密度。

上海青3~5天就可发芽，刚发芽的子叶呈现可爱的“心形”，和长大后的样子差很多，所有十字花科的叶菜类，刚发芽的时候都长得很像，所以每次将种子从种子包取出后，一定要物归原处，否则非常容易搞混。

约等到10天后，上海青的本叶才会长出来，此时可以进行“疏苗”的工作。在小苗比较密的部分，可以用小镊子将植株夹出来，如果连着根一起夹起来，就可以在其他没有发芽的位置补植，不过根系若已经伤到就会影响存活率了；也可直接用小剪刀将较密的苗剪掉。疏下来的小苗可以混合生菜沙拉食用。

疏苗工作要视植株生长情形及空间大小，可以多做几次，让剩下的菜苗成长茁壮。像这样满满一木桶的白菜小苗，看起来发芽率很高，但其实播种密度实在是太密了，如果遇上高温高湿的天气，很容易就烂掉；像这样的木桶直径约30厘米，仍属于趣味栽培的盆器大小，真正要种出可以吃一餐的分量，最好要找个长60厘米以上的花箱来种上海青，才能够炒出一盘菜。

上海青属于短期叶菜类，播种后1~2个月就可收成，不过在窗台种菜，光线及土层不够理想，所以不如露地土耕种生长得快。其实叶菜类只要看到叶子就能吃了，像图中这样大小时，就可以食用，只是养大一点分量比较够。栽培期间追肥采用液态的肥料，吸收较快，才能提供快速生长所需，初期苗还小时宁可“少量多餐”。

园丁小手记

所有十字花科的蔬菜都很怕“纹白蝶”这种害虫，纹白蝶会选择十字花科的嫩叶产卵，幼虫数量多，啃食速度又快，一经发现要赶快用手或镊子抓走，否则叶菜一夜之间会只剩“骨头”。一般农夫会以“网室栽培”或是喷洒农药来除虫，自己在家种菜当然不能喷药，建议您在菜市场杂货店买个纱网材质的“桌罩”，用它来保护小白菜苗，这是非常简单便利的“迷你网室”，待植株壮大一点再收起纱网，这样就可以帮助嫩苗度过危险期！

菠菜

菠菜小档案

- 科　　别　藜科。
- 生长季节　寒冷季节或高冷山区。
- 生长适温　15~20℃。
- 水分需求　土壤干后再浇透，排水要良好。
- 繁殖方式　直播法、菜苗。
- 日照强度　日照4~6小时。
- 施肥技巧　介质加入有机肥，定植后施用三要素追肥2~3次。

1　菠菜的种子较大，可采用“条播法”育苗，条播可让芽及小苗生长整齐。先将介质铺平，可利用直尺抹平（凹凸不平的介质浇水后会形成小水洼，造成湿度不均），用直尺压入介质1~1.5厘米，以长条形花箱来说可以压出两条“条沟”来作条播。

2　将菠菜种子（这个种子因加了防虫药粉所以呈现红色）放在对折的名片上，缓慢将种子轻轻撒落在小条沟中，种子尽量不要重叠，均匀播种后，再将介质轻轻覆盖于种子上，用喷雾器或尖嘴壶轻轻浇水。

3　4~6天菠菜就发芽了，子叶是狭长形，1~2星期后，本叶才会慢慢长出，如果气温不够凉爽，发芽率会比预期的差一些。

4　3~4星期后慢慢长出长椭圆形本叶，这是“圆粒菠菜”，跟戟形叶品种的叶形不同，因为温度的关系所以生长较慢，植物需要慢慢适应环境，不要急着放太多肥料，吸收不良会有“肥烧”现象，建议用一点缓效性肥料即可。

5　11月后温度慢慢下降，是适合菠菜生长的季节，平地也可以开始种植，台湾梨山地区因属高冷地，夏天也能栽培，不过市场价格较高，如果不是特殊需求，还是等季节适合时来吃会比较好。

园丁小手记

市售成把的菠菜大多带着根，可以把叶片剪下食用，留下2~3小叶后连根种到土中，有机会可以存活再长新叶，但没有空心菜的存活率高。

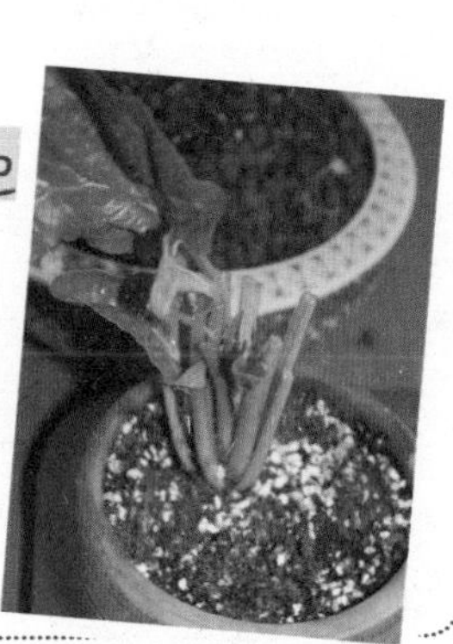

日本芥菜

日本芥菜小档案

- 科　　别　十字花科。
- 生长季节　秋天到春天适宜。
- 生长适温　15~25℃。
- 水分需求　土壤干后再浇透。
- 繁殖方式　直播法、菜苗。
- 日照强度　日照4~6小时。
- 施肥技巧　介质加入有机肥，定植后施用追肥2~3次。

日本芥菜只要看到叶子就可以吃了！因为日本芥菜比传统大芥菜的株型较小，一开始可以采用较小的盆器，不过盆器也不能太小，否则生长速度会受限。

种植后2~3星期记得施用三要素追肥，每次不必太多，固体肥料尽量不要离根系太近，施用后稍微用土覆盖。

约过了1个月后可以看到日本芥菜明显长大，但十字花科的叶菜，总是会惹来蚜虫、纹白蝶等虫害，如果发现嫩叶卷缩就有可能遭受危害，请尽早喷洒非农药的生物药剂或香茅精油、薰衣草油等加以驱赶，一般市售用的芥菜栽培过程大多会喷农药，但是我们自己种来吃的话，宁可收成差点，也不可喷农药。

其实日本芥菜和传统芥菜的风味类似，只是比较小巧，叶片也较细嫩可直接炒食，并不一定要像大芥菜腌渍或煮鸡汤。种植约2个月后，3棵芥菜放弃了1棵病虫害比较严重者，并且再换上个较大的盆器，让芥菜生长空间更大，等叶片更茂盛后再采收食用。

园丁小手记

几乎家家户户自己都会种芥菜，过年时不怕没菜色，多的还可以自制各种腌渍菜吃。虽然芥菜仍会遭来不少害虫啃食，但自己吃的最好不要喷药，就分一些给虫吃吧，只要注意把菜叶叶背冲洗干净，不要有虫卵或是虫体就行，整株拿来炖鸡风味仍在呢！

生菜

生菜小档案

- 科　　别　菊科。
- 生长季节　四季皆可，夏季较不耐热。
- 生长适温　15~28℃。
- 水分需求　土壤干后再浇透，后期水分需求多。
- 繁殖方式　直播法、菜苗。
- 日照强度　日照4~6小时。
- 施肥技巧　介质加入有机肥，定植后每2星期施用三要素。

生菜虽然也可以用播种法栽培，不过播种尚需20~30天育苗期，且初学者无法掌握播种数量，经常会超过预期量太多。此外，生菜成株后会像个大球体，通常居家栽培种5~8棵就很多了，所以直接买菜苗比较经济实惠。

生菜适合较大的花箱或木箱，将介质及有机肥混合好浇水备用。家中种菜别忘了把大小成员都找来帮忙，尤其爱玩水、爱玩土的小朋友帮手，可以派给他压压土、浇浇水的工作，定植后也要叮咛小园丁按时照顾小菜苗，让他更有责任感与成就感。

因为生菜的生长面积需要直径20~25厘米，所以一开始小苗不必种太密，之后才有生长空间，种植前先将位置规划一下，再决定买苗的数量（可多种1棵，之后看生长情况再调整）；菜苗移植技巧是一定要把土压实，让根系确实与土壤接触才能吸到水分，苗刚移植前1~2周感觉会比较软弱，不必太担心，倒是“秋老虎”般突然的气候会让生菜的生长稍差。

经过3周后，波浪状叶片就会一片片长出来，由外向内生长。快速生长期每2周要施用三要素追肥。

一朵朵的生菜好像花儿一样的美丽，生菜属于半结球莴苣，不会包得很紧，但会有一层一层内包的现象，就像花朵的花瓣一样，此时已经可以开始品尝它的鲜甜美味。一般菜农为了抢种下一季作物，都会直接将“整朵”生菜从基部砍下来，但是自己种的就可以从外叶慢慢吃，只要叶片如巴掌大就可以采收了。

园丁小手记

生菜属于菊科，所以不是纹白蝶喜爱的寄主，相对来说病虫害少很多，虽然有点苦味，但含大量钙质及矿物质，是相当营养的蔬菜。此外，莴苣类的蔬菜折断时其茎叶会有乳汁流出，此为莴苣类的特色，据说还能增加哺乳妇女泌乳量呢。莴苣种类很多，图片所示叫做“苦菊”味道较苦，但叶片如蕾丝边，可以做盘饰、沙拉、打汁，也可观赏。

红凤菜

红凤菜小档案

- 科　　别　菊科。
- 生长季节　全年皆可种。
- 生长适温　20~30℃。
- 水分需求　排水需良好。
- 繁殖方式　扦插法、分株法。
- 日照强度　日照4~6小时。
- 施肥技巧　可耐贫瘠，采收后施用追肥。

红凤菜可长期采收栽培，所以我们应选择一个较宽口的盆器，生长面积够大才能让红凤菜分枝、分株旺盛；如果有旧土可以混合1/4~1/3的有机肥让土壤疏松带有肥力，浇水湿润后备用。

从老株（母本）剪下15厘米左右的枝条当作“插穗”，或是从菜市场买回来的整把红凤菜，可以留下几支当做繁殖的插穗使用（因白凤菜颜色较浅，故示范较为清晰，红凤菜的采穗方法亦同）。

将插穗下半部的叶片摘除（如图示左边枝条），可以清楚看到“节”的位置，上半部的叶片则要将太老（老叶光合作用能力差）或太嫩（太嫩的顶梢叶片不耐失水易萎凋）的叶片修剪掉。

将插穗插到盆中，湿润的土壤很容易插入，至少要有两个节位接触土壤，枝条若较粗可以斜剪较易扦插，插穗之间格距离约5厘米，全部插完后充分浇水，并将插穗扶正压实（和土壤之间不要有空隙，否则不易吸收水分）。

刚完成的扦插盆要放置在阴暗处，并且注意用喷雾器保持湿度，不过前几天依然会有失水的现象，叶片看起来都倒伏没有精神，此时不必太紧张，约1星期后就会恢复生机的。

约1星期后，植株吸收到水分，长出细根，叶片就会挺起来，此时代表扦插成功了，可以慢慢移到光线较亮处，等到插穗长出较多新叶，就可以摘除两片顶梢嫩叶，做“摘心”的工作，让分枝更为茂盛且壮大后再采收食用，千万不要急着吃，把叶子都拔光了，植株就不能进行光合作用了。

萝美莴苣

萝美莴苣小档案

- 科　　别　菊科。
- 生长季节　秋天到春天适宜。
- 生长适温　15~25℃。
- 水分需求　土壤干后再浇透。
- 繁殖方式　直播法、菜苗。
- 日照强度　日照4~6小时。
- 施肥技巧　介质加入有机肥，定植后每2星期施用三要素。

萝美莴苣主要以菜苗栽培，生长空间每株直径为15~20厘米的距离。萝美莴苣属于“立生莴苣”形态，进口萝美莴苣栽培温度较低，形态会比较内包且叶片明显直立，自己种的直立状态就不会那么明显。

萝美莴苣生长间距不用像半结球莴苣那么开展，所以选用宽面圆盆，种植3~4棵菜苗即可。注意如果下雨太频繁且光线不足，茎会离土面愈来愈高，甚至有点倒伏，可以多加些土并且立几根筷子当支架。

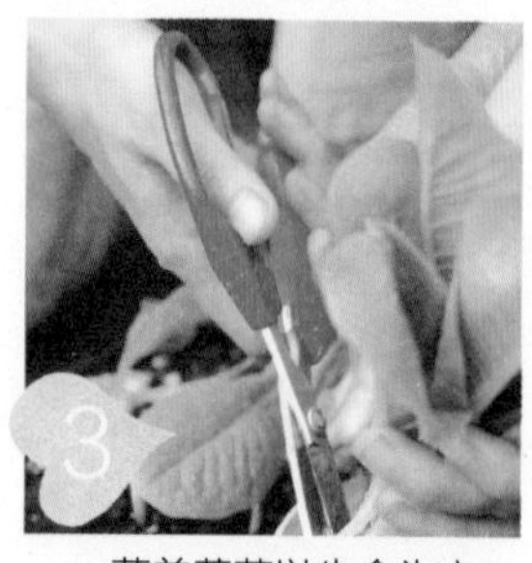

萝美莴苣以生食为主，只要叶片长到约手掌大小就可采收，9月份种植偶尔会遇到高温，所以株型看起来比较展开，可以先从外部的叶片开始采收。

萝美莴苣到春末温度提高时，种在田里的会开始抽薹开花，甚至高度会在达到人的腰部，最上端会开小菊花。

芹菜

芹菜小档案

- 科　　别　伞形花科。
- 生长季节　秋到春天适宜。
- 风土适应　生长适温15~25℃。
- 水分需求　排水要良好。
- 繁殖方式　菜苗。
- 日照强度　日照4~6小时。
- 施肥技巧　介质加入有机肥，定植后每2星期施用三要素。

1 芹菜居家栽培，建议直接买穴盘苗来种植，通常这种苗都很小，一个穴盘约只有1.5厘米X1.5厘米的大小，所以将苗取出时要有“轻功”，左手轻轻托着菜苗，右手将穴盘底部稍微捏一下，让土团可以从削盘松脱。

2 芹菜成株可以长得很高大，但是前期生长非常慢，所以先选择一个小钵种6~8棵，等更大后再移到较大的盆器。

3 约1个月后，芹菜苗仍然非常娇小，可以薄施一点肥料三要素，并耐心等待。

4 约2个月后，植株叶片开始变大，芹菜的茎管呈现中空，其实此时要吃也可以了，采收时要从基部剪掉，以利侧芽再冒出，但不要一次全部剪光，要留叶片进行光合作用，否则就无法生长了。

5 芹菜属于伞形花科的蔬菜，拥有细致美丽的花蕾，如果可以留下几棵到季末，就能欣赏到一朵朵像小伞状的白色小花。

园丁小手记

西芹菜的株型较大，而且叶柄膨大，食用时通常是吃叶柄的部分。因为芹菜的气味浓郁，虽然叶片通常不吃，但也别急着丢弃，留下来做汤或当作调味植物食用也不错，加了芹菜叶的菜肴会有一种清新的风味。

樱桃萝卜

樱桃萝卜小档案

- 科　　别　十字花科。
- 生长季节　秋天到春天适宜。
- 生长适温　15~25℃。
- 水分需求　排水一定要良好。
- 繁殖方式　直播法。
- 日照强度　日照4~6小时。
- 施肥技巧　介质加入有机肥，生长前期以氮肥为主，中后期增加磷钾肥。

樱桃萝卜属于直根系蔬菜，播了不可再移苗，开始就要找合适盆器种植，虽然成熟后只有乒乓球大小，但希望它的根系长得好，排水工作就要做好，建议用较深的盆器来种植；播种时采穴播法，用手指头在介质上面压出约2厘米深的小洞，再将种子播在穴里，一穴约2粒种子，再将种子覆盖，3~4天就会长出心形的子叶。

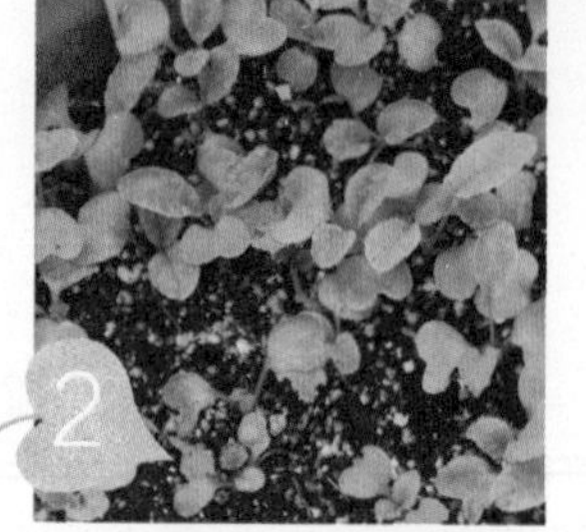

穴播时，每穴保持5厘米左右的直径间距，如果发芽率很高，每穴都发2个芽，就要进行"疏苗"，直接将较弱的小苗剪掉（当作萝卜缨拌沙拉吃掉）。本叶长了1~2对后开始施肥，追肥以三要素为佳，前期氮肥量可稍多，后期必须较多的磷钾肥以促进根部膨大。

很多书都说樱桃萝卜是20天萝卜，但以一般平地来说，不可能这么短时间结出球根，最主要我们不像温带地区日夜温差大，对根菜类根部膨大生长较为有利。台湾夜晚温度仍高，植物呼吸作用旺盛，也相对消耗较多养分，所以较不易结球。种植一个多月后，所幸叶片并未被纹白蝶吃光，仍是呈现旺盛状态，可以进行光合作用来制造养分来结出球根。

此时观察根基部，已经可以看到红色根部略为膨大，此时要将裸露的根部稍微用土覆盖，避免被阳光照射而老化，如果希望结根球再大一点，可以将几株菜苗再度疏掉（可连根拔起），樱桃萝卜的叶片也是制作"雪菜"的好食材，不要浪费了。

等天气更冷一些后，结根球的速度会加快，栽培期需2~3个月才能看到如乒乓球大小的可爱樱桃萝卜，从土面拨开能看到根球的大小，可以先拔一两棵看看，如果差不多大了就采收来食用，千万不要舍不得吃，种太久常会有裂果或纤维化的现象，反而尝不到鲜嫩的滋味。

园丁小手记

看到红红的樱桃萝卜结出来，真的觉得很有成就感！不过因为早期小苗的时候容易引来纹白蝶，最好加上网罩，等叶片长到8~10厘米，就不用担心了。通常樱桃萝卜栽培期会比叶菜类久，要有耐心等候，但也不要舍不得吃，最后地下部会变成畸形状，纤维多就难吃了。

红葱头

红葱头小档案

- 科　　别　葱科。
- 生长季节　9~11月种植最佳。
- 生长适温　喜寒凉气候（适温15~22℃），高温下植株会休眠。
- 水分需求　盆土干燥后一次浇透，土壤排水需良好。
- 繁殖方式　使用干燥的鳞茎，俗称“珠葱”繁殖。
- 日照强度　日照4~6小时，日照不足叶片易细长黄化。
- 施肥技巧　土壤先拌入有机肥，定植后每个月施用尿素。

1　市面上出售的红葱头，选择饱满无虫病的鳞茎才好，若完全没有冒芽，可先浸水约2小时，这样能加快发芽速度。（刚发芽2~3毫米尚可用，但如果已经发芽3厘米以上，而且新芽有黄化萎缩现象，此时种球存活率较差）

2　将红葱头的外层红薄膜剥开1~2层，3~5鳞片为一组。

3　选择深度为20厘米以上的花箱，排水孔要够多且不能积水，将有根的部分朝下，每隔8~10厘米种植一组鳞茎。

4　将红葱头鳞茎压入泥土内，覆盖土壤至鳞茎顶端，芽点一定要露出来才行。

5　约14天后可以看到从鳞茎抽出绿色细管状的嫩叶，如雨后春笋般充满生命力，且不断向上生长，看了非常有成就感。

6　待叶片长到20厘米以上就可以开始采收，沿着地基部保留2~3厘米剪下叶片食用，并持续细心照顾，再等2~3星期后，又会再冒出新叶可收成！

园丁小手记

自己在家种菜不必一次全部采收，只要维持每个月施液态氮肥，泥土上的叶片可分次修剪，长得也很快，吃上4~5轮都没问题，绿油油的叶片还可放在窗台当作盆景欣赏，只是葱类都怕风怕雨，若遇到风雨天气时请记得移到避风处。另外，这里种红葱头的重点在于食用其叶片，季末后地下鳞茎的养分会耗尽，就没办法再收球茎当作红葱头再繁殖利用了。

小香葱

小香葱小档案

- 科　　别　葱科。
- 生长季节　品种有差异，有的好寒凉，有的可耐热。
- 生长适温　15~30℃。
- 水分需求　排水需良好，否则易腐烂。
- 繁殖方式　直播法、菜苗、分株法。
- 日照强度　日照4小时以上。
- 施肥技巧　介质先加入有机肥，定植后施用缓效性肥料及液态氮肥。

向菜苗商购买穴盘苗，且一小丛有多株小苗，以此为单位来种到盆器中，不要再分一棵棵种，可依您种植区域的大小购买几小丛就好。

初生的葱称为葱针，因叶片很细小，好像一根根针，长大的葱其叶会呈现中空圆筒型，每一丛的空间需要10~15厘米的间距，所以在种植时要先预留空间，像我们采用环保容器8寸左右的蛋糕盒来种植，只能种3丛，以免日后生长竞争（蛋糕盒的底部或侧面要戳洞以利排水才行）。

小香葱初期生长速度很慢，约3个月之后体积才会较大，建议定植后施用颗粒状的缓效性肥料（例如奥妙肥、好康多），选用约90天释放的规格，期间每个月再补充液态氮肥，让植株能生长茁壮及更多分枝。

小香葱下半段称为“葱白”，想吃到比较多的葱白，要注意“培土”技巧，就是将土培高以覆盖在基部的茎段上，因光线减弱所以会呈现白色幼嫩的葱白，不过注意土壤要采排水良好的沙质土，否则太黏重的土壤会造成基部缺氧而腐烂。

小香葱可以当作一二年生蔬菜来栽培，生长季很长，当第一次“葱管”达到20~30厘米的高度时就要先剪下来食用，要剪到离地面3~5厘米，这样才能促进后续长出更多分枝。自己种的大葱不必一次急着从根部采收，应该将植株留在盆内继续施肥、修剪，就会不断再长出新的葱叶，可以吃上好几个月！

园丁小手记

小香葱的生长初期速度非常缓慢，所以建议在家种菜的园丁们最好不要用种子栽培法，因育苗期长达50天，风险大且缺乏成就感，还是向菜苗商购买“穴盘苗”较有效率，种起来成功率也较高。

九层塔

九层塔小档案

- 科　　别　唇形花科。
- 生长季节　南部温暖全年可种，北部夏季生长好。
- 生长适温　25~35℃。
- 水分需求　夏季生长快，要注意给水。
- 繁殖方式　直播法、扦插法、分株法。
- 日照强度　日照6小时以上。
- 施肥技巧　介质加入有机肥，生长期1个月施用三要素追肥。

第一次种植九层塔建议购买现成的小菜苗，将菜苗小心取出后，观察根系如果已生长饱满，此时就是定植上盆的适合期（如土团还会掉落，必须再等几天，如果根系呈咖啡色盘根状态，则稍嫌老化）。

九层塔长大后的高度及空间要预留10~20厘米直径的位置，所以要准备较大的盆器。种植时用手指或小铲子挖个小洞，再将小苗放入洞穴中，一定要将新土和旧土压实，根毛才能展开，种后浇水，并将苗扶正，以利后续生长。

待1~2星期植株生长稳定后，让九层塔“壮大”的重要技巧就是“摘心”，摘心主要是将枝梢顶端的1对叶摘去，这样可打破植物的“顶芽优势”，让底下的侧芽能够顺利分枝。摘心时直接用大拇指使点力将最顶梢的一对叶片折断即可。

栽培初期，每个枝梢都要“摘心”，约1星期后便可看见摘心的枝条下长出两侧芽。侧芽长成后，还可以继续摘心，让底下的分枝更为旺盛，这样植株看起来就是丰富饱满的样子。如果没有摘心，植株会变成瘦瘦高高，到时候收成分量就不多了。

九层塔的生长势强，尤其夏天生长速度快，有时候会来不及吃就开花了。当然如果想欣赏如高塔层层叠起的“九层塔花”，也是不错的观赏盆栽，尤其这种“紫茎种”的九层塔，茎干呈现深紫色，味道更浓郁，开的花也是深紫色，很有观赏价值。不过如果您若想不断采收叶片，一看到小花序就要赶快摘除才行。

园丁小手记

九层塔第一次用菜苗种植后，就可以尝试采收种子。采收九层塔种子很简单，等开花后先不要剪除，继续让花序成熟到变成咖啡色，摸起来脆脆酥酥的感觉，最后将整串花序采摘下来。待天气好时拿出来晒几天，拿张白纸将花序抖抖看看，如果看到黑色小种子掉落就差不多已干燥好，这些小种子之后就能长成一棵棵九层塔，数量可不少呢！尚未用到的种子可以放在阴凉干燥的地方保存。

香菜

香菜小档案

- 科　　别　伞形花科。
- 生长季节　秋天到春天种植较佳。
- 生长适温　17~25℃，种子发芽适温20~25℃。
- 水分需求　盆土干燥后再浇水，叶片细嫩避免积水。
- 繁殖方式　种子直播法。
- 日照强度　日照4~6小时，日照不足叶片会变黄。
- 施肥技巧　土壤先拌入有机肥，发芽后每个月薄施氮肥。

打开种子袋，看到咖啡色像胡椒粒的小球（有些呈红色的外观，是因为预先用药剂处理过），这是香菜的“果实”，真正的种子很小，且藏在里面的，所以播种前一定要先用水浸泡一整晚，让外果皮软化才行。

选用一个深度约20厘米的小圆盆，因为香菜是调味蔬菜，不必种太大盆。然后均匀地将种子撒播在介质表面，种子和种子不要重叠，播种后再覆盖一点介质，并且充分浇水，直到水从水孔中流出。

播种最后要封上保鲜膜，记得用牙签戳几个小孔保持通气，因为香菜发芽要5~7天以上，期间必须注意不能让土壤干燥，所以加上保鲜膜可以保持土壤湿润，避免蒸腾速度太快，冬天则还有保温的作用。

香菜发芽比一般叶菜类的时间还久，刚发芽的香菜“子叶”是狭长形，千万不要以为是杂草而拔掉，请再耐心照顾1个多星期后，就会慢慢看到香菜的“本叶”出现，本叶呈现扇形，叶缘锯齿状。

1~2个月后，叶片才会开始密生，施用氮肥或浇水时要注意尽量施在土壤上，不要碰到叶片，以免伤害细嫩的叶子。香菜只要看到叶片就可以吃了，每次要从茎基部剪下（注意！不能只摘叶片），这样新的嫩芽还会陆续从地基部抽出，这样可爱的小盆栽可以边看边吃4个月以上呢！

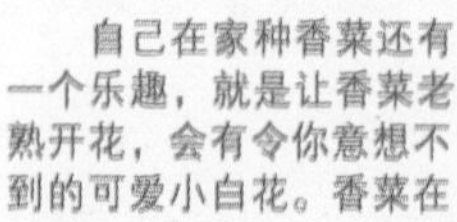

园丁小手记

自己在家种香菜还有一个乐趣，就是让香菜老熟开花，会有令你意想不到的可爱小白花。香菜在种植5~6个月以上，气候进入长日高温时，香菜会转为“生殖生长”，即开始抽薹开花。此时香菜的叶片变成细长如针状，而且植株抽高到人的腰部，几乎快不认得它就是小巧的香菜。而“伞型花科”的香菜，其花朵是白带粉呈现多个小伞状，还可以剪下来当成插花，如果再种得更久一点，花序会结成咖啡色果实，等果实干燥后，还可以自己采种，来年又可以再播种。

苜蓿芽

苜蓿芽小档案

- 科　　别　豆科。
- 生长季节　全年皆可（超过25℃环境不宜）。
- 生长适温　15~25℃。
- 水分需求　开水喷洒法。
- 繁殖方式　直播法。
- 日照强度　不需日照。
- 施肥技巧　6天采收，不需施肥。

1　先学会种植苜蓿芽后，其他像绿豆、黄豆等更容易掌控。孵之前要先泡水8~10小时，建议用凉开水清洗、浸泡和浇水。浸泡后要挑掉漂浮的坏种子，温度高时要减少浸泡时间，以免胚轴伸出后仍在浸水状态，就可能造成缺氧而坏死。孵芽盆器底层加上干净的纱布2~3层（建议到药房购买灭菌纱布），纱布上撒上泡过水的苜蓿芽种子后再喷湿水分，用纱布覆盖容器，放在暗处或盖上小桌布。

2　第1天最好换水2~3次（夏天次数要更多），有纱布覆盖容器可以直接加水、倒水，不怕种子漏出来。第2天，胚轴已经开始发育，就不要再倒水，而是采用喷水方法补充水分（如果纱布上仍有积水，就不要再喷水了）。过了3~4天，就可以看到小芽已经冒出来了，继续加上桌布。5~6天就可以采收了，如果想吃点绿芽，放在光线下1小时即可。

3　如果孵绿豆会膨大5~6倍，2~3天拿起滤网就可见白色的根系已经布满，此时喷水保湿即可，仍不要见光。

4　自己孵的苜宿芽或豆芽感觉颜色较深（没有市场上卖的那么白），不过没有添加任何植物激素或化学药剂，比较健康。如果想要吃比较肥胖的绿豆芽，可以压个盘子加压，就能变粗一点。吃之前再用开水冲过会比较卫生。

注：除了苜宿芽、绿豆芽之外，其他豆科植物也能用类似方式种植。

园丁小手记

温度超过25℃时孵各种芽菜都较易腐烂，低于15℃则发芽速度会变很慢，所以一般专业孵豆芽的场所，都是以空调方式来栽培。如果您所在场所是有冷气的房间，那就几乎一年四季都可以栽培。花市卖芽菜的地方，都有卖孵豆芽的专用容器，还有一些小物杂货店也有可爱小容器可用，如果家中有现成类似的容器也可使用（洗菜滤网或碗筷收纳器皿亦可）。

薄荷

薄荷小档案

- 科　　别　唇型花科。
- 生长季节　春天最好，秋天次之。
- 生长适温　适应能力较强，适宜种植温度为25℃~30℃，低于15℃时生长缓慢。
- 水分需求　夏天容易干枯，需注意给水。
- 繁殖方式　扦插、分株法。
- 日照强度　日照4小时以上，非直射光。
- 施肥技巧　定植后添加缓效性肥料。

薄荷最主要的繁殖方法就是“扦插法”。首先，先学会“采插穗”的技巧。您可以先从市场上买回来你喜欢的薄荷品种当作母本，或是从亲朋好友家里已经有薄荷的人免费要几支“插穗”，插穗要选择健康的顶芽，即枝条最顶梢的部分，长度约10厘米，剪下来插在水中备用。

准备一盆干净的培养土，尽量使用新买来的土才不易有病菌滋生，先浇水半湿备用；将采来的插穗下半部3~4厘米的叶片修剪掉，原来叶片生长的位置就是“节”，请注意最底下的1~2节一定要插进土里，让节与土紧密接触才能吸收水分，而“节”就是未来要长出根的位置。

插穗之间间隔1~2厘米距离，插好密密一整盆后用喷雾器充分浇水，放置在阴凉的位置，每天早晚用喷雾器喷湿叶片，水分不必太多，否则容易烂掉。刚开始3~5天叶片看起来好像快要萎凋的样子，但慢慢过了1星期就会比较挺拔。不过在天气炎热及湿度高的夏天，也会有失败烂掉的插穗，此时要赶快拔除，避免腐烂情形扩大。约2星期以后根系便会长成。

想看看插穗是否长好根？可以先轻轻摇动一下植株，如果摇一下就好像快倒的样子就说明根还没长好；要定植时轻轻将插穗连土带根用小铲子挖起来，种到盆子或花槽中，就会是一盆饱满绿意清新的薄荷。

如果你有可爱的小盆器，也可直接将薄荷插穗插满一盆，不需要再移植，只是部分不成活的插穗要整理一下或再补植。薄荷甚至插水就可长根，只要遵循步骤1~2的采穗方式，将插穗下半部叶片去除后插入水中，最好是透明的瓶子，这样可以观察根系的生长。前几天最好每天换水，等根系长出后就比较稳定，以水耕方式就可繁殖。

园丁小手记

在家种菜的园丁们，在扦插技术上会遇到一个问题，就是插穗发根前水分的控制。在园艺专业技术上，会使用“扦插床”，除了有黑网遮荫外，会定时喷出极细状的水雾，不仅可以保持湿度，小水雾很快蒸散，也不会造成腐烂。但是在一般居家较难做到，我们可以DIY模拟一个小温室——在盆子上插上3个竹筷，再罩上一个塑料袋（记得用牙签戳几个洞），这样也可以保持湿度。或是用个回收的透明塑料罐倒盖在盆栽上（底部不需旋紧），就好像是个小温室，这样在初期扦插阶段确实能避免水分的蒸散。其实只要多用点巧思，在家种菜也有简单又有趣的方法！

葱白

材料

花盆（容器）
葱
土壤

1 找个盆子或盒子（越大越好），下面需有排水孔，并在排水孔铺上纱网，里面放入土壤摊平（培养土或田土）。

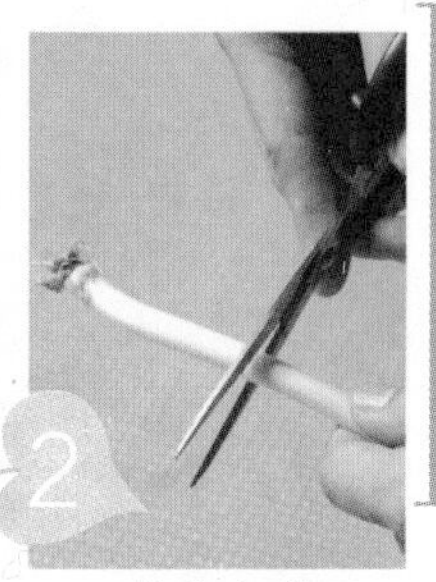

2 葱剪去葱尾，留葱白的部分7~8厘米，需含有根部。

3 将步骤2的葱白种到步骤1的土壤内，土不宜盖太高，否则会影响根部呼吸，并保持土壤的松散。

4 一天浇一次水，水量以保持土壤稍微湿润即可，过多葱根会烂，并保持适当日照与良好通风、适当施肥，但注意直接日晒时间不宜过久。

5 待长出新葱叶后，即可剪下葱食用，但需保留原来种下的葱白部分，让它继续生长。

青蒜苗

材料

花盆（容器）
蒜瓣
土壤

1 找个盆子或盒子，大一点较好，下面需有排水孔，并在排水孔铺上纱网，里面放入土壤摊平（培养土或田土）。

2 将土壤挖出小洞但不宜太深。将蒜瓣埋入步骤1的洞中，尖端向上，再轻轻盖上土壤。

3 适当给予水分、施肥，以保持土壤湿度及养分。

备注

大蒜水分不宜过多，种后40天内约每5天浇水一次，40~80天约每10天浇水一次，80~140天约每20天浇水一次，成熟期则暂停给予水分。大蒜自行培育较不容易，花费时间亦长，种植时需精心培植。

图书在版编目（CIP）数据

幸福蔬食 / 杨桃美食编辑部主编 . -- 南京 : 江苏凤凰科学技术出版社 , 2016.12

（含章・好食尚系列）

ISBN 978-7-5537-6204-3

Ⅰ . ①幸… Ⅱ . ①杨… Ⅲ . ①蔬菜 - 菜谱 Ⅳ . ① TS972.123

中国版本图书馆 CIP 数据核字 (2016) 第 047383 号

幸福蔬食

主　　编　杨桃美食编辑部
责任编辑　张远文　葛　昀
责任监制　曹叶平　方　晨

出版发行　凤凰出版传媒股份有限公司
　　　　　江苏凤凰科学技术出版社
出版社地址　南京市湖南路 1 号 A 楼，邮编：210009
出版社网址　http://www.pspress.cn
经　　销　凤凰出版传媒股份有限公司
印　　刷　北京富达印务有限公司

开　　本　787mm × 1092mm　1/16
印　　张　18.5
字　　数　240 000
版　　次　2016年12月第1版
印　　次　2016年12月第1次印刷

标准书号　ISBN 978-7-5537-6204-3
定　　价　45.00元